早朝会議革命

元気企業トリンプの「即断即決」経営

大久保隆弘

まえがき

社内の「会議」を何とか改革したい。そう考える日本企業は多いが、なかなか改革は難しい。むしろ、会議は悪者扱いをされて、時間制限を設けたり、長くならないように立ったまま行う会社もあるほどだ。「改革するよりやめちまえ」とばかり、まるで邪魔者扱い。

裏を返せば、会議が活用できていない。いわば生産性が低いわけだ。「年間の会議回数×参加者数×時間×参加者の一時間あたり人件費」が会議のコスト。人件費の高い役職者ほど会議に参加する場合が多く、年間の会議コストは莫大である。生産性がコストを上回る、会議で経営スピードが上がる、サービスが向上する、優れたアイデアが創出される、コミュニケーションが促進される――。こうしたメリットが、会議コストを上回らなければ、会議を行う意味はない。会議が敬遠される理由はここにある。

「会議は多いほどよい」とトップが明言して、会議を始めて以来、一六年連続増収増益の会社がある。ドイツに本拠地がある婦人下着メーカー、トリンプ・インターナショナル・ジャパンだ。社長は吉越浩一郎、五六歳。一七年前にトリンプ・インターナショナル（香港）から、日本法人に転進、マーケティング本部長となって毎朝開くＭＳ（Marketing and Sales）会議を始めて以来、低迷していた会社は見事に立ち直った。

現在、トリンプは、婦人下着メーカーとして、ワコールに次ぐ国内二番目の規模、不況が続く中でも快調に業績を伸ばし、売上高四四二億円、業界シェアは約一〇％、従業員二三六〇名の規模である。

トリンプは、なぜ会議をやればやるほど、経営がうまく行くのか。その理由はどこにあるのか。

本書の目的は、会議をうまく経営に活用する成功企業を通じて、会議の持つ本質的な意味合い、会議の生産性を高める方法、物事が決まるプロセスの工夫、会議の場でのコミュニケーションのとり方、問題解決の方法などを、読者にお伝えするものである。

そのため、トリンプのＭＳ会議に著者が出席し、そこで録音した記録を〝ライブ版〟で紹介する。会議の実際を読者に体験していただき、自身の目で、成功する会議の現場を見てもらいたいからである。

その後、吉越社長と毎朝会議に参加する四人の管理職の皆さんにインタビューを行い、それぞれどんな考え方で会議に臨んでいるか、会議の意義や仕事との関わりを語ってもらった。その経過も具体的にお伝えする。

「生の会議をそのまま本にする」とは、経営の実態を世に広く、白日の下にさらすという快挙でもある。ご賛同いただいた吉越社長はじめトリンプの社員の皆様に敬意と感謝の意を表する次第である。

二〇〇三年一〇月

大久保隆弘

早朝会議革命　元気企業トリンプの「即断即決」経営＊目次

まえがき　1

プロローグ　吉越浩一郎の朝　8

第一章　MS会議ライブ　13

第二章　早朝会議の舞台裏　101

証言1　戸所由美子　プロダクト・マネージメント1部 商品企画1課 課長
「デッドラインをこなすべく、走りまわってます」　104

証言2　高瀬厚三　東京直営店営業部 部長
「現場の問題点を社長自ら指摘してくれるから対応が速くなった」　114

証言3　堀部真奈美　マーケティング本部 営業企画課 課長
「前の会社と違ってプレゼンの準備は楽ですが・・・」　127

証言4　渡辺尚有　Eビジネス推進室 室長
「若い世代は自分の意見を持って戦うことが多いです」　135

第三章　早朝会議革命への道　153

装丁・カバーイラスト　寄藤文平
本文レイアウト　内田隆史
本文イラスト　大川陽子

プロローグ　吉越浩一郎の朝

東京・港区西麻布、地下鉄日比谷線広尾駅から徒歩で約二〇分。あえて出勤時から同行してみようと吉越浩一郎社長の自宅に向かった。閑静な住宅街の一角にある三階建ての瀟洒な洋風の家。玄関前の駐車場には、スポーティな外車が停めてある。その登録ナンバーは〝1番〟。

吉越はフランス人の夫人と二人暮し。息子はフランスの大学へ留学中だ。夫人とはドイツ留学時代に知り合って結婚した。毎夏、三週間の長期休暇を取り、家族三人ゆったりとフランスで過ごす。

自身の留学は上智大学外国語学部三年生のとき、ホテルのルームボーイなどのアルバイトで貯めた五〇万円を全部千円札にして父親に差し出し、「留学させてくれ」と頼んだ。

留学先のハイデルベルグ大学でもアルバイトに明け暮れる生活、留学先の学費も生活費も働いて稼いだ。たまたま留学生向けの国内旅行プログラムで、フランスからの留学生だった現夫人と知り合う。

「五〇マルクで外国の学生に、ベルリン問題を教え込む一週間の旅行があったんです。ホテル代も旅費も込みで、ベルリン・フィルハーモニーの鑑賞とかミュージカルもついた格安の旅行でした。それに申し込んだ時に女房が参加していて、踊りに行ってということがなれそめだったんですね」

帰国後に現夫人が日本に来てそのまま結婚した。

午前七時三〇分、社長専用車が到着して、吉越が玄関から現れた。身長一八七センチ、日本人離れした体格にグレーの長髪、圧倒されるような存在感がある。「おはようございます」と大きく快活な挨拶の後、車に乗り込む。

いつもは、後部座席で新聞を読む。大田区平和島の流通センタービルまで二〇分の時間に一般紙と業界紙に目を通す。この車中の新聞から、会議の題材を選ぶこともある。

素顔の吉越はとても気さくな人柄だ。しかも、礼儀正しく、決して偉ぶることもない。

「うちの家族は、女房と息子がフランス語、私と女房がドイツ語、息子と私は日本語で会話していたのですが、最近は面倒なのでみんな英語で話すようにしています」。家族の話題になるとにこやかな笑みが絶えない。

外資系の企業に勤務したのも夫人の影響によるところが大きい。自身は日本の電機メーカーへの就職を希望していたが、フランスでゆったりと暮らしてきた夫人に安月給と日本のアパート暮らしは可哀相だと思った。結局、ドイツ政府機関での食品担当のマーケティングスタッフが最初の仕事だった。次にドイツ系コーヒーフィルターメーカーへ転職、マーケティングスタッフとして活躍後、八三年トリンプ・インターナショナル（香港）に入社する。三年間の香港勤務を終えて、八六年にマーケティング本部長として日本法人に赴いた。

「当時は、役所のような会社でしたよ。体質は古く活気もない。とくに経営陣が日本企業の悪い面を変えようとはしなかったですね。大企業病を外資系の小さな日本法人に持ち込んできたような風土がありました」と吉越は述懐する。

不毛な風土の中で低迷する企業を、いまやドイツ本国以上の業績を上げる企業へと成長させた。その手腕は類を見ない。とにかく日本法人に来た当初、周囲は知らぬ者ばかり、たったひとりで始めた改革である。この風土改革の重要な道具となったのが「会議」だった。

車は、首都高を降りて、トラックターミナルや巨大な倉庫街の間を抜け、平和島の流通センタービルに滑り込むように入った。羽田空港と浜松町を往復する東京モノレールの流通センター駅前にある十階建てのビルである。

トリンプ・インターナショナル・ジャパンはここに居を構えて二七年。最上階に本社事務所がある。本社には約二五〇名の社員が働く。

受付のある玄関ロビーから社長室までの両側がオフィスになっている。広々としていて、トレンド商品を扱う会社だけに、お洒落で気品がある。

吉越は、出勤している社員に「おはよう!」と張りのある声とにこやかな笑顔で挨拶する。社員の表情も明るい。

社長室は羽田空港側の角部屋。窓から国内線の飛行機が着陸する姿が間近に見える。社長席に腰かけた後、MS会議が始まるまでの三〇分間は、話題にする予定の資料に軽く目を通して、書き込みをしたり、電子メールをチェックしたり、秘書からの伝言に耳を傾けたり、冗談を飛ばしたり、落ち着いた時間の過ごし方である。とくに慌しい様子はない。

会議前は、いつもリラックスするという。むしろこちらの緊張をほぐすように、雑談に興じた。談笑の後、会議開始五分前になって、会議室へ移動した。一六年も続いた会議にどんなエッセンスがつまっているのか、また業績向上の理由は何か、興味が尽きない中で、私は席に着いた。

第一章

MS会議 ライブ

本章はトリンプの会議でトップと社員がどのように物事を判断して意思決定しているかを事実に即して、客観的にお伝えするためにライブ形式で記述する。

ただし、会議をそのまま記録しても、読者には、物事の前後関係や業界の専門用語が理解しづらいためテーマのポイントが分かりにくい。そこで解説と注釈を加えながら、進めていく。

内容はほとんどオープンになっているが、企業機密に触れる部分、第三者のプライバシーや権利関係に関わるところは、省略したり、内容を若干変更した。

ＭＳ会議ライブ

〜開始5分前

会議室の中心に、対面で一〇人ずつは座れる大きな会議机がある。吉越社長の指定席はＯＨＰ（オーバーヘッドプロジェクタ）を操作しやすいようにスクリーンに向かって右側前方の席。向かいの壁にカメラが設置してあり、全国の事業所に会議の模様が伝わる仕組みになっている。ＯＨＰで映した書類の拡大画面は、各事業所に設置したテレビモニターで見られる。

テレビ会議システムを使って、各事業所と同じ書類を見ながら対話ができる。レスポンスも速い。

会議の発表にはOHPを使用。パソコンのプレゼン用ソフトは手書きメモの挿入といった柔軟な対応ができないので使わない

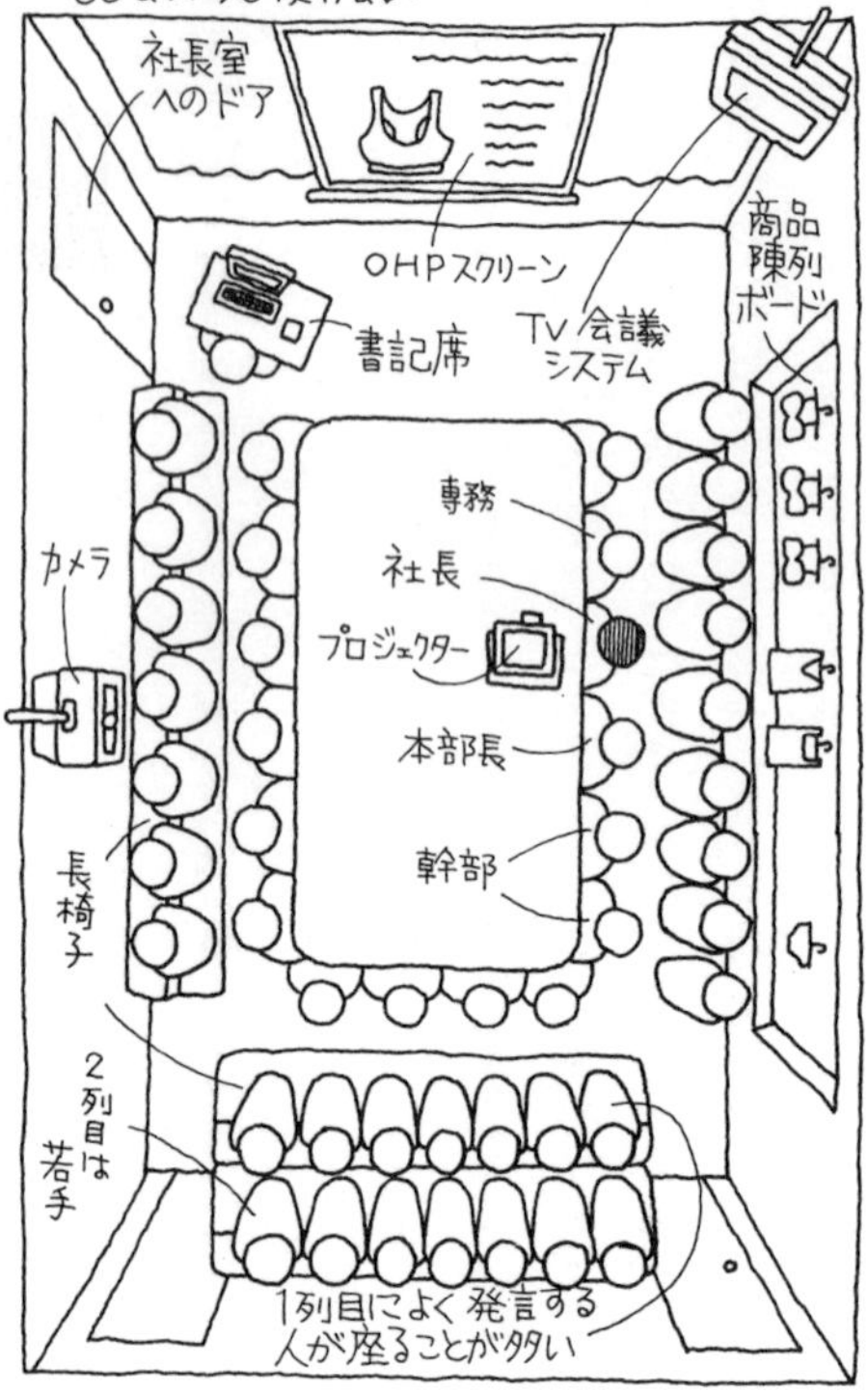

開始五分前、まず幹部職から会議机の椅子に座り始める。

毎日の会議なので、参加者に特別の緊張感は見えない。談笑も聞こえる。だが、開始時間が近づくにつれ、徐々に高揚感が高まり、会議室の雰囲気が引き締まるのがわかる。

管理職や若手社員が会議室にぞろぞろ入ってくる。後方の二列に用意された座席の後部に腰かけていく。発言者はその前列に座り、資料を手にしている社員もいる。五〇人ほどが集まり、腰を落ち着けたところで、吉越社長が社長室に続くドアから会議室に入り、足早に席に着く。その様子は周囲を威圧するものではなく、ごく自然体だ。朗らかに、軽やかにという印象。社員は座ったまま、目礼するでもなく、各々、声がかかるまで自由にしている。

吉越社長は周囲と軽い雑談の後、手持ちの資料から一枚を抜き取り、ＯＨＰの画面に置いて、第一声を上げる。

会議はこうして突然、始まった。

8:30

1　ワコール来期業績予想の下方修正

〝テーマと順番は吉越が決める〟
MS会議での決定事項は全社共通の重要テーマだが、
吉越の情報源から上がるものも多い

吉越社長、新聞の記事をOHPに映す。

吉越　ワコールさんの業績予想の修正についての数字だけど、詳しいこと知っている人いる？　信田[*1]さん、こちらの詳しい情報が手に入るのはいつ？

信田　広報室では取っていません。経理が確認しています。

吉越　普通はホームページに入っているだろう？

関口　たぶん明日には、ホームページにアップされると思いますので、今日の夕方に確認してみます。

＊1　信田
広報室長、信田広美氏。97年入社で、弱冠28歳の女性幹部。会議では〝さん〟づけが基本。

吉越　随分遅いんだねぇ。

関口　いちおう発表してから一二時間は出してはいけないということになっていますので。

吉越　なんで?

関口　それは東証の決めだそうです。

吉越　発表して一二時間は出せないって?

関口　もしかしたら今日の朝、発表しているかもしれませんので、ちょっと確認してみます。

吉越　この新聞に出るっていうことは、一昨日に発表しているということでしょ。

関口　それはいつの新聞ですか?

吉越　今日の繊研新聞。繊研は専門紙で詳細を載せるから、たいてい一日遅れることがあるんです。ほかは出ているということでしょ。

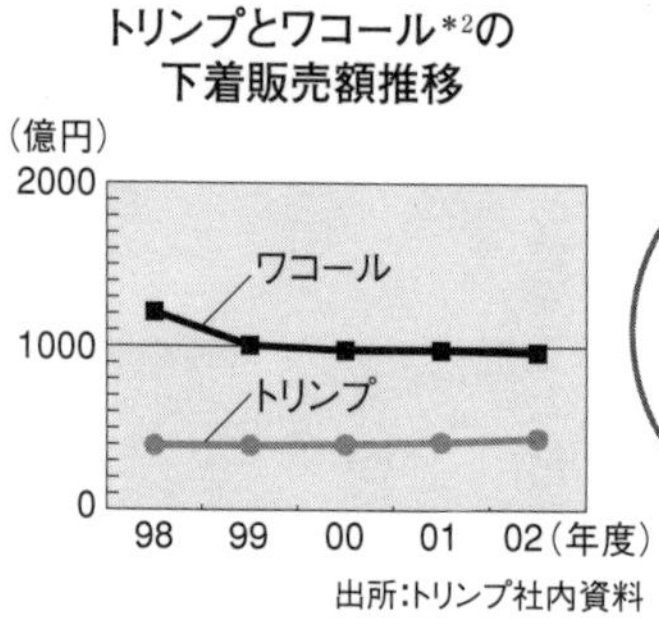

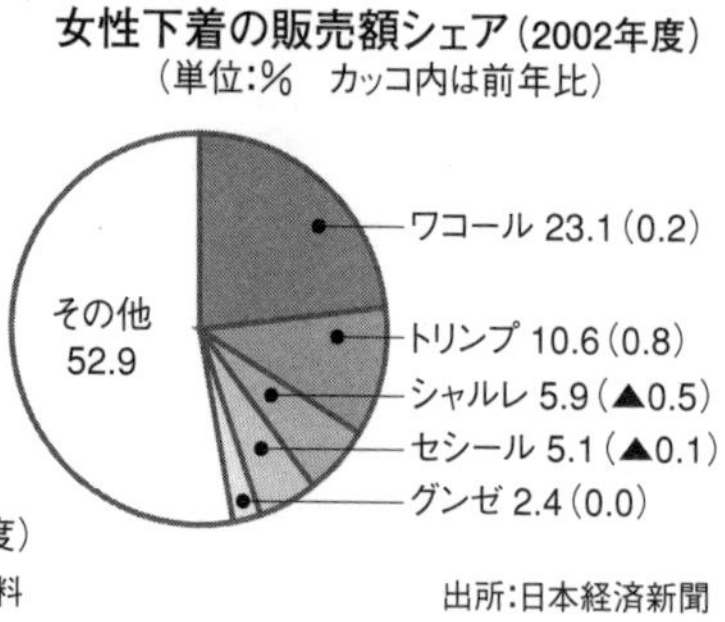

*2　ワコール
女性向け下着業界では、ワコールが圧倒的に強い。トリンプは2位。02年度の販売高は442億円とワコールの1/2以下に過ぎない。ただし、近年のトリンプは「天使のブラ」などのヒット商品もあって、シェアを伸ばしている。

昨日の一般紙には、ワコールさん、出てる?

関口　じゃあ、今日アップされていると思います。

吉越　今日の日経、誰か持ってる? 何か書いてあった?

今里　三六億の株式評価損が影響して、粗利益は前年対比で四五%ぐらい落ちたと載ってます。

吉越　今日の日経、持ってる?

〝全社員に競合への関心を持たせる〟吉越は会議で意図して他社の財務情報を示す

今里　持ってます。(日本経済新聞の記事をOHPで映す)

吉越　要するにワコール本体ではなく、連結のほうに株式評価損が入っているわけだな。本来、連結を見たほうが正しいと思うんだけれども、経常利益が二億円、当期利益が一五億円減ってるね。この一五億円減った理由はわかる?

今里　後で、財務の藤島さんが来たら報告させます。

吉越　じゃあ、来たら聞くからね。

2　バーゲン時の値札はり替えコスト

吉越　バーゲンで商品の値段を下げたときには、元の値札をとる努力をしています。これは二重価格を阻止するためのもので、他社は既に始めていますが、うちもメリットがあるということで、今回から徹底を始めました。そのためのコストですが、ＴＤＣ[*3]の橋本さん、このコストだと内職に出したほうがいいんじゃないの？　何もそんなに緊急を要するものじゃないのに、どうして社内でやるの？

橋本　返品工程のところでやっていますので、内職さんに出すのは、分類にちょっと時間がかかってしまいます。

＊3　TDC
トリンプ大東センターの略で、静岡県大東町にある同社の物流センター。同社の心臓部ともいえる物流拠点で、最新鋭の自動倉庫、入出荷・在庫管理システムにより、クイックレスポンスを実現。テレビ会議のモニターの向こうには、橋本工場長が参加する。

吉越　何で返品のときにやらなくちゃいけないの？

橋本　工程的には社内でやるのが一番速いものですから、スピード最優先の形を取っていました。ただし実際は、三月から内職さんに移行しております。

吉越　橋本さん。例えば一〇〇万枚を返品して作業コストが一枚あたり四円三〇銭違うと、それだけで四百数十万円の差が出るんですよ。もっと大きくなるのかな。だから出荷する前に、カートンごとに渡すとか、何かやったほうがよほどいいんじゃないの？　もうちょっとやり方を考えるだけで、五〇〇万、六〇〇万円があっという間に浮いてくるということじゃない。もっと自分のところでコストが減らせることを一生懸命やっていかないと。

橋本　はい。

吉越はかつて大東センターのシステム設計構築に加わり、物流管理に熟知。工場長の反論も構わず〝トップダウンで指示〟

吉越　この内容は、ＴＤＣ会議で追いかけますから、そのときまでにちゃんと返事ができるようにしておいてください。

橋本　はい。もう既に移行は始めています。

吉越　コストを使う前に、そういったことをやってくれって言っているの。

橋本　はい。

吉越　それから、バーゲンの価格変更だけども、当社には独自開発のＰＯＳ（販売時点情報管理）システムがあるんだから、もっと利用しようよ。うちは、値下げや値上げは全国一斉にできるわけだよ。どこの直営店もそれに合わせて、値段を変更できる。せっかくのシステムをもっと使わないとダメだよ。そしたら値札の変更もしないですむんだ。レジを通すだけで、新価格で計上できるんだよ。この業界じゃ、どこもそんなことはできないんだからね。

例えば、週ごとに値段を変えることもできるし、品目別にも秋冬の新製品などは、バーゲンと除外して販売することもできる。バーゲンといえば、ブラやショーツだけじゃなくて、高級品を三割引きでおくこともできるんだ。それはね、ＰＯＳシステムと本社のプライスシステムがあって、在庫とも連動しているから、全国一斉に品物の動きを見すえて即座にできることなんだよ。

商品だけじゃなくて、システムのことも考えて、バーゲンならば一体どんな手が打てるか、みんな考える必要があるんじゃないかな。でないとせっかくのシステムがもったいないだろう。お客様にもプロパー商品の値下げよりはお得感があるんじゃないの?

3 クレームに関する報告

吉越 渡辺[*4]さん、Eビジネス[*5]関係のクレームがいっぱいあるの?

渡辺 はい。

吉越 これはEビジネスだけ?

渡辺 私たちの分だけまとめたんですけど。

吉越 大東の大橋さん、橋本さん、これはEビジネスだけということなんですが、これ以外にもリストがあるはずです。Eビジネスだけではなくて、通販のほうでも同じ表を作って今後一緒に出すようにしてくれる? 定期的にやっていったほうがいいと思う。こんなレベルの話がいまだに出ているということは、よっぽど問題があるということだと思うんです。

橋本 はい、わかりました。

吉越 はっきり言って、内容的にこんなレベルのものをいま頃うちの会社で見る

*4 渡辺
Eビジネス推進室長、渡辺尚有氏。98年入社で若手の抜擢組。

*5 Eビジネス
2000年に参入し、02年度売上高1億2000万円、前年対比143%で順調に成長。

とは考えられない。橋本さんがいかに入っていないかを明確にしているだけの話じゃないの？　橋本さんの怠慢以外に何でもない。いいですね。

橋本　はい。

〝クレーム発見後は、迅速処理が基本〟
吉越は問題が根本的に解決するまで
責任者に厳しい注文を飛ばす

吉越　これは大橋さんも入れて、一緒にもう一度報告を出してください。そして橋本さんがどう関わるかも教えてください。

橋本　はい。

4　有給休暇[*6]の消化率向上策

吉越　年間の有給休暇率です。

うちで一番休暇を取っているポジションは、営業企画でございまして（笑）、消

＊6　有給休暇
トリンプの管理職は連続2週間の休暇をとることが義務づけられている。一般職も消化促進に取り組むが、なかなか消化率は上がらない。

化率は五二％です。いままで「有給を取れ取れ」と言ってきたけれども取っていないということで、もっとこれを積極的にやっていきます。もっと取っていくことにしていないと、いつまでたってもダメ。

特に営業関係の人たちは、気の毒だと思います。うちの会社で辞めた人にアンケートを採っているんですが、回答者の大半が、「休みが取れない」と言う。だから休みを取りやすくするべきだと思う。それをどういうふうにしていくのか。問題というのは、常にどこにでもあるんです。でもそれを前向きに考えて、みんなで取るようにしましょうよ。

ドイツ[*7]は一〇〇％取って、休暇中に医者の証明書をもらうと、それだけまた休みが取れるわけです。それをみんなやっている。そんなことは許さないけれども、ちゃんと休みを取るというふうに仕組みを作っていかなければいけない。

我々は、サービス残業を一切禁止しています。残業そのものも、別途、その部門に罰則がかかるようになっている。お金を払うなら払うという形にして、それがゲームのルールなんだから。ゲームのルールを逸脱してやっていては、それはまともなゲームではない。事業だってゲームなんですから。

とりあえず、まず目標を設定します。樫尾さん（人事課長）、頼みました。

＊7　ドイツ
ドイツにある本社のこと。

何%という具体的な数字を置いてください。

吉越は〝目標設定を極めて重視する〟
一度設定した目標は継続的にMS会議でフォローし続ける

越えているところはいいんだけれども、非常に少ないところ、営業関係は何%とか、この辺は木田[*8]さんと相談しながら詰めてほしいし、木田さんも昨日、営業に警告《ウォーニング》を出してくれたのでいろいろ検討してほしい。バックオフィスのほうも並行して検討してやっていかなければいけない。

まあ営業関係はつらいんですな。

木田　そうですね。

吉越　営業関係は取っていないんだよな。目標を何%というところからやってくださいな。

木田　人がいませんからね。

吉越　まだ木田さんみたいな発言になっちゃうんですよ。それはわかるでしょ、みんな。でも、やはり会社というのはそれではいけないんです。いいですか、う

＊8　木田
専務営業本部長、木田博明氏。

ちはドイツと同じように最終的には一〇〇%の有給休暇を取る。その上で、一人あたりの売り上げを一番にする。一人あたりの利益も上げる。そういった会社にして初めて、うちの会社は優秀な会社。

吉越の経営理念に関わるメッセージ。
〝優秀な会社とは、従業員がよく休みかつ業績を上げる会社。
残業して業績を上げるような会社ではない〟

そうじゃなくて、みんなが働き過ぎで死んでいってしまうような会社、それがまともだと思います? だったら全員、残業すればいいんです。「一一時、一二時……、昨日は午前まで働きました」というのが美徳の会社にする? 正しいと思います? いまからやったら、みんなアッという間に死んじゃいますよ。いもっつあん[*9]の下痢どころじゃないですよ(笑)。いいですね。

とにかく、バックオフィスとTDC、それから営

＊9 いもっつあん
営業統括部長、井本哲夫氏の愛称。最近、下痢で苦しむ。場の雰囲気を和らげる効果絶大。

業とアドバイザー（店頭販売員）、それぞれの目標を立てて追いかけます。

5　リクルートランキング[*10]

吉越　日経のリクルートランキングの記事ね。これはトリンプの順位が一四五位に落っこっちゃったということだね。

樫尾　はい。

吉越　これは昨日、MS会議で発表したの？

木田　昨日は順位まではわからなかったんです。

吉越　順位が圧倒的に落っこちたんだ。

樫尾　去年は七一位[*11]で今回は一四五位ということで、七四位落ちてます。

吉越　ワコールは上がって五〇位ぐらい？

樫尾　去年は七九位で、三〇位ぐらい上がっています。

吉越　この辺はいろいろあるでしょう。あんまり気にすることはないと思うんだけれども、七一番が一四五番なんだ。うちのすぐ上だったA社は六四位が一四四位になった。うちより落ちている会社は多いもんな。いつもの営業的な発表をま

＊10　**リクルートランキング**
企業ブランドイメージをはかる指標。優秀な人材の獲得と企業ブランドにこだわるトリンプでは、大きな関心事。

＊11　**去年は71位**
トリンプのリクルートランキングの過去最高は02年の71位。「天使のブラ」のヒットで知名度、企業イメージが上がり、学生の就職応募者も年々増えている。

ねて言ってみたんだけど（笑）。いまのでよろしいでしょうか。いもっつあん、いいかな。

井本　了解です（笑）。

木田　アパレルのB社は、八六位から一五二位だそうです。

吉越　でも、C銀行より悪いというのはまずいな。何が変わったかというと、昨年末、新卒募集用求人誌への宣伝をやめたというのが、ずいぶん響いているんじゃないかと思います。この前、リクルートの人に聞いたらば、そういったことを言っていました。ということなので、その辺を調べて教えてもらう。明日、教えてください。

樫尾　はい。

入社希望者数の推移（リクナビエントリー）

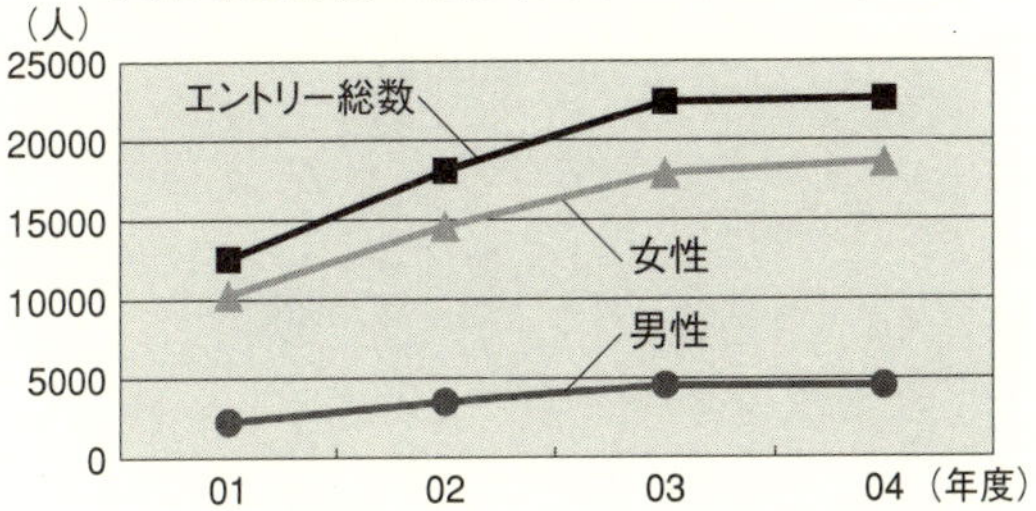

8:45

6　電子メールの法的証拠能力

吉越　管理本部の鈴木さん、これが返事なの？　ドイツのほうからの問い合わせですが、「各国でやり取りしているEメールのログ（通信記録）を全部取っています。それは法律上、それぞれの国で問題がありますか？」という質問だったんですね。取ること自体は、たぶんどこの国でも問題はないと思う。そういったものを取るのは、後々の証拠能力を言っているのでは？

トーマ[*12]　内容ではなくて、「どこから、どこへ、いつ送ったか」というログを取ることが法律的に問題あるのかどうか、という質問だと思います。

吉越　確かにそうです。基本的に、それは問題ないと思うんです。ただ、前回のときに僕が言ったのは、「文章をそれで何かに利用した場合、それは法律上、問題があるんですか？」ってことなんだ。その質問に関して、何にも答えてくれていないんだけど……。

＊12　トーマ
ドイツ人のマーケティング本部長、クリスチャン・トーマ氏。愛称はクリス。日本語に堪能。トリンプは外資系にも関わらず、会議はすべて日本語。多くの外国人もすべて日本語を話す。

鈴木　メールの存在自体が、法律上の証拠に足りるかという話ですよね。そういう話じゃないですか？

吉越　もとは向こうのテクニカル・リーズン（技術的な理由）で、「誰から誰あてのメールが行ったということの証拠を残すことは、問題ありますか？　ありませんか？」という質問だったんです。でも、そんなテクニカル・リーズンなんていうのは、本来、消してしまえば済んじゃうことなんです。僕が聞きたかったことは、もうひとつ先に意図があって、「メールそのものが残っていて、例えば、裁判のときにその書類を使用した場合に、それは証拠能力があるんですか」ということを「調べてください」って質問をしましたよね。それはどうなんですか？

鈴木　二番目です。普通の文章と全く同じで、証拠能力はあります。ただし、メールの場合、「届いた」「届かない」という論争はあるかもしれない。手紙では起こらないことですけど。

吉越　クリス（トーマ）が言っていることは、「メールログというのは、誰から誰へメールをいついつ送ったということだけがログであって、その文章の内容ではありません」と言っているんです。

トーマ　ログは、基本的には保存するという意味ですね。

吉越　ということは、これはメールのログではなくて、トリンプがメールのファイルを作成しているんではないの？　トリンプがすべてのメールを取っていくこと、およびそれを何かの証拠として利用する場合には、それは有効な証拠となるんですか？

鈴木　それは資料の一番にカッコ書きで書いたつもりなんですが、Eメールの法的な証拠能力というのは、通常と何ら変わらないで証拠として十分使えます。それがログであろうがメール自体の本体であろうが、本質は変わらないと思います。

吉越　本質は変わらないのね。要するに、会社がEメールを何かの理由で取っていた場合に、それはプライベートとか一切関係なく証拠能力として認められるということなの？

鈴木　はい、通常の手紙と同じです。

吉越　それを文書で書いたものをもらってくれる？

鈴木　わかりました。

吉越　弁護士からちゃんとした文書をもらってくださいね。

7　巨人戦ロイヤルシート[*13]の利用状況

＊13　巨人戦ロイヤルシート　今シーズンから法人契約をした。

吉越　営業管理の玉利さん、巨人のロイヤルシート、そろそろチェックを入れていくべきだと思う。

玉利　それはもう随時やっていますから、いつでも出せます。

吉越　ちょっと見せてくれる？　社員が使うことは全然反対ではありません。ただ、お客様にやっぱり最優先で使ってもらわないとね（笑）。

8　格安電話会社への加入

吉越　わかりました、木田さん。これだよ。昨日言っていたやつ。これはＩＰ電話[*14]じゃないですよ、普通の電話。この前コピー回したよね、総務の斎藤さん。どうだい？

斎藤　まだ説明に来てもらっていませんので。

〝最新のビジネス情報をすぐに社内で検討〟
吉越は新聞記事や外部との交流で情報の収集に余念がない

＊14　ＩＰ電話
インターネット網を利用した電話。従来の電話回線よりも通信の固定費が安くなるメリットがある。

吉越　何で？

斎藤　電話したんですけれども、まだ……。

吉越　電話したというのは、タクシー呼んだのと同じだよ。どこ行ったかわかりゃしないんだから。

〝本人にわかるように嫌味を言う〟
吉越は指示から一週間以上反応がなければ遅いと判断

斎藤　今週、来ます。

吉越　今週の何日？

斎藤　金曜日。

吉越　今週の金曜日に来るの？

斎藤　はい、説明に。

吉越　本当に安いんですよね。例えばこれは、携帯でも五〇円以下になるの。三分間で日本全国六・八円。同じ電話会社同士だと一カ月、三〇〇円で日本全国無料。ＩＰ電話だとまだ機械をいろいろ入れなければいけないんだけれども、これだったらすぐにやってしまえばいいんだ。このサービスが六月から立ち上がると書いてある。どういった会社なのかよくわからないんだよね（笑）。

山田さん、つい最近、個人でIP電話に加入したらしいけど、こっちに切り替えてもらおうか。そっちはやめてこちらに切り替える？　どうなんだ。そっちのほうはうまく行っているの？

山田　うまく行っています。

吉越　タダで電話できているところ、たくさんある？

山田　はい、あります。

吉越　そう。やっぱり値段下がった？

山田　使い始めて二カ月ぐらいで、請求がまだ来ていないので。

吉越　電話代そのものは安くなってきているの？

山田　ですから……、とりあえず親戚一同に変えてもらっています（笑）。

吉越　わかった。とにかく今週の金曜日に来るのね。

斎藤　はい。

9 ジュニアブラ[*15]の課題

吉越 この前、富山に行ったときの話です。鈴木さん、ジュニアブラは、あんなもの作っちゃいけない。

鈴木 はい。あれはジュニアの皆さんにいろいろアンケートを取りながら、デザインを採用していって……。

吉越 こんなの、俺、もう向こうで二〇年前に作ったんですよ。例えば、白でなければいけないのは、当たり前なんですよ。なぜかというと、香港[*16]で作ったときに、「ビーディーズ」のブランドのタグをつけたんだよ。そうしたら、評判の悪いこと、悪いこと。「何で?」って聞いたら「表に響くから」と。タグ以外は真っ白だったんだけど、「ビーディーズ」と書いてあるだけで買わないんです。表に響くから。それに対して、うちは上のところのテープに色がついている。真っ白でも、カップのところに何かマークをつけている。わざわざ売れなくしている。こんなの俺に聞いてくれれば、二〇年前の話をすぐに言ってあげたのに。バックスタイルのYシェープ。これ、知ってる? これは好まれないんだよ。格好良さ

＊15 ジュニアブラ
小・中学生が初めて身に着けるブラ。母親と一緒に買い求めるのは〝白〟。最初は身に着けること自体が恥ずかしいので、目立つ色やデザインはタブーとされる。

＊16 香港
吉越社長は香港支社でマーケティング担当部長を3年経験したのち、日本支社へ。商品企画の経験も豊富。

そうな形で出してくるけど、全然ダメなの。

鈴木 普通のタイプとYシェープと両方出す予定です。

吉越 Yシェープは、スポーツとか何とかっていうんでしょ。

鈴木 はい。

吉越 売れないんですよ。

鈴木 今後は気をつけます。

吉越 それから、アンダーバスト。このステップイン（かぶるタイプ）のYシェープね。俺、見た途端に、「何だ、これ?」って思ったよ。俺が二〇年前に作ったやつのほうがよっぽどいい。

なぜかというと、ステップインするのに伸びが五〜六センチしかなくて、よく

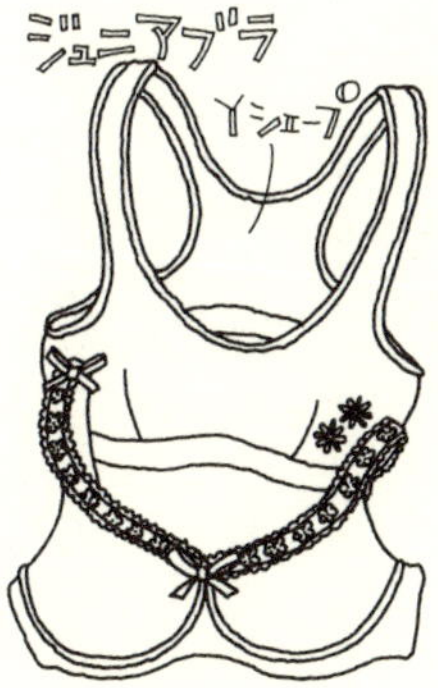

上からかぶれますね。だから「PM[*17]の人間みんなに、このステップインをつけさせろ」って言っているんだよ、俺。「絶対、肩なんか通りはしない」って言っているんだ。片方の肩だけ入って、もう片方の肩は出しっぱなしと、そうなっちゃうわけだよ。これはちょっと作った人間、大問題だぜ。

鈴木　はい。ただ、ジュニアの形は本当にわからなかったので……。

吉越　俺に聞いてくれれば教えてあげたのに。

鈴木　社員のお子さんに意見を聞きながら、それをすべて採り入れた形にはなっているんですけれども。

吉越　全然ダメ。全然外れているよ。聞いた相手が良くなかったんだ。俺に聞いてくれたら全部教えてあげたよ。本当に二〇年前、向こうにいた頃にやっていたんだよ。どうして売れないのかってやっていたんだもん。

鈴木　わかりました。

吉越　とにかく真っ白！　色は使わない。ステップインは、リブのものすごく伸びるのがあるんだよ。それを使用しなくちゃダメですよ。あんな中にゴムが入ったようなやつでは。ということで追いかけないからな。必ずやってくださいね。

鈴木　はい。

＊17　PM
プロダクトマネジメント部の略。商品企画、開発に携わる部署。全員で31人。

10　一般稟議《りんぎ》と捺印申請の再定義

吉越　ひどいんだよ。いままでの単に捺印申請が必要なものがね、俺のところに一般稟議として回ってくるんですよ。「捺印申請の一般稟議って何なの」って言ったら、「直営店の償却資産申告のため代表者印をお願いしたい」という内容の稟議が回ってくる。一般稟議になっちゃっているんだよ。

ご存じのとおり、紙ベースの捺印申請というのをなくしたんです。捺印申請というのは、全部稟議書が出ているものだということで、そうなっちゃったんだけれども、以前は単なる捺印申請というのがあったんです。単なる捺印申請が今度できなくなっちゃったものだから、一般稟議が出てきた。こんなことをやっていたら、一般稟議が山ほど出てくる。単なる捺印申請なんて、なにも一般稟議にしなくても、それぞれの部で調整してできるはずじゃないか。ということで、その内容の見直しをしなさい。そういったものはいちいち出さなくても会社としては認めていくというレベルにしてもいいんじゃないか、ということ。ただ、漏れがないようにしてくれよ。

今里　はい。

稟議基準から捺印申請の類は外すことを再確認。
意思決定の基準を社員に説いて〝徹底させる〟

11　直営店[*18]の撤退基準[*19]の明確化

吉越　高瀬さん、撤退基準がややこしすぎる。

「単月赤字店で既存店月別売上指数による年間売上予測額が年間ブレーク・イーブン[*20]売上の七〇％に満たないもの、および単月経費率が一〇〇％以上で既存店月別売上指数による年間売上予測額が年間ブレーク・イーブン売上の七〇％以上に満たないもの、年間最低売上三〇〇〇万円以下で最低保障があり、人件費比率が三〇％以上を越える店舗」と言ったって、どこの店舗かわかるはずがない。だから単純に、「三カ月以上ブレーク・イーブンが達成できないもの。ただしオープン一年以下のものはいい」とか「一年以上のもの」とか、そういった形にしてい

＊18　直営店
トリンプは直営店運営に注力し、6つのブランドで全国に186店舗を展開（03年9月末現在）。

＊19　撤退基準
出退店のタイミングは難しく、MS会議でも重要課題となる。店の事情を考慮しすぎると、撤退が遅れる原因になる。

＊20　ブレーク・イーブン
損益分岐点。売り上げと限界利益の相関から、収支トントンになるポイント。損益分岐点の管理は、店舗経営の判断指標となる。

かないとわからないんです。その中で選ぶことにしないと、毎回撤退する店を選ぶのがクイズみたいなもので、あたったり、あたらなかったりになっちゃうよ。

高瀬　はい。

吉越　それで?

高瀬　……。

吉越　とにかく、早く作れって。作ってここにしますということで、交渉に入らないといけないんだから。何で出てこないんだよ、今日。

高瀬　もうちょっと待ってください。

吉越　とりあえず三カ月以上ブレーク・イーブンを満たす。それでいいから、それで作りなさい。

高瀬　はい。

直営店のブランド

ブランド名	ブランドキーワード	ショップキーワード	ターゲット年齢層
AMO'S STYLE アモスタイル	かわいい&ヨーロッパ	南仏の下着屋さん	18～24歳
ODETTE オデット	ベーシック&エレガント	セレクト型 インナーウェアショップ	15～40歳
Cosmetic Pure コスメティックピュア	スタイリッシュ&セクシー	都市型 インナーウェアショップ	25歳～
POESIE ポエジー	キュート&クール	トレンド発信型ショップ	16～22歳
TEENA ティーナ	コンビニ感覚	ランジェリーコンビニエンス	15～40歳
OUTLET アウトレット	―	ランジェリーエクスプローラー	23～34歳

吉越　単純明快、それが一番。ただ一年未満に関しては見逃す。ただ、一年未満でもあまりにもひどいものは引っ張り出さなくちゃいけないので、その基準を作らなければいけないというのは、いま言いましたよね。

高瀬　はい。

吉越　だから一年未満に関しては、ブレーク・イーブン未達でもいい。指数でどこまで認めるか、かな。

高瀬　はい。

12　在庫[*21]削減とバーゲン

吉越　在庫日数。この指数の問題だな。うちは年間で何回転するんだ。三回転？四回転？

長谷川　一五〇日です。

吉越　一五〇日というと、何回転だ？

長谷川　二・五回転ぐらいです。

吉越　今日の産経新聞で、何とかという店は、紳士服を全部やめて何かのフラン

＊21　在庫
在庫削減はアパレルメーカーの一番の悩み。解決方法のひとつにバーゲン対策があるが、社内の対応に吉越社長は不満。

チャイズに変わります、と。どうしてかというと、回転率が悪いから。紳士服というのは年間三～四回転しかしないから、こんな非効率な会社はやっていられないというんでやめちゃった。ということは、うちの在庫というのは、いかにまずいかということですよ。

何が悪いのかというとバーゲンです。バーゲンに手を打たなきゃいけない。長谷川さんに言ってもデッドライン[*22]を全然守ってくれないから、どういうふうにしたらいいのか決まらない。結局、それが問題になって残っているだけの話です。それをどう手を打つのか。天川さん、とにかく考えてくれよ。俺もう長谷川さんには聞かないから。あいつに言ってもデッドライン守らないんだから。

〝どんな仕事もデッドラインを必ず与えて、約束させる〟
デッドラインの徹底はMS会議が始まって以来、
ずっと続けている決まりごと

＊22 **デッドライン**
回答期限、スケジュールを約束した仕事の締め切り。

13　米国製新型ブラ[*23]の評判

トーマ　昨日、大阪のお得意先の百貨店にブラジャーの説明に行ってきました。これはそのときに話題になった米国製の新型ブラです。これですね。

一時的にいくつかの店舗で売れているかもしれないけれども、どんな問題が起きるかわからない。説明書を見ると非常に危ない。説明書の半分ぐらいに、ヒヤリとさせることが書いてある。そして英語の説明書と日本語の翻訳を比べると、日本語の説明書にはいろいろなことが抜けている。例えば、微妙な肌で使ってはいけない、六時間以上使ってはいけない、そして本人だけでなく家族にアレルギーの問題がある人は使ってはいけないとか、そんなものはうちでは絶対に出すべきではないと思います。

吉越　この商品はね。一時的にはいいかもしれないけれども、これを持ったことある?　重いんですよ。それがべちゃっと肌にくっついて、それこそ何百グラムのやつがべたっと重くなるんだよ。「それでメリットあるの」と言ったら、何もないいんです。

＊23　米国製新型ブラ
欧米で普及している肌に密着する素材でできたゴム製のブラ代用品。便利だが肌に密着するため、使用には注意を要する。

以前、ある取引先で見てきて、俺、この会議で「どうなの？」って言ったんだよね。その時に「ノー」と言われて、しょうがないんじゃないかと思った内容です。

木田　我々も営業ですから。新宿の百貨店でも入っています。最大手の百貨店も、いま検討しているんです。我々も、これに代わるものを何か探してほしいんですけどね。

吉越　もうちょっと見て、それで伸びてくれれば、同じ方向のものの販売を検討しても構わないと思うけれども。

トーマ　非常に品質にうるさい日本のお客様がどうしてそういうものを買うのか。理解できないですね。

吉越　英語の説明書をちゃんと訳して、本当にいいものなら、対処しましょう。でも、我々だって、他にもいろいろ入れてほしいものがあります。

木田　この商品という意味じゃなくて、新しいものがほしいんです。話題になるもの。

トーマ　それはうちも考えている。

吉越　それがなかなか出てこないんだよ。それでも、この商品がいいかといえば、これはやめておいたほうがいいと思う。これがダメだっていうのは、僕らもよくわかっていますから。

商品開発の姿勢、安全性、商品力をめぐり、開発担当と営業担当が対立。吉越は〝間に入ってうまく仲裁する〟

木田　ケチつけるのは簡単ですよ。我々の立場では、これに代わるものとか新しいものを出してほしいんですよ。

吉越　とりあえずこれはもうちょっと考えないとダメだね。いまの体制でできるんですか？　もう少し検討しましょう。

9:00

14 Tシャツブラ[*24]のさし色[*25]

隅山 Tシャツブラは、徐々に上向きとなっておりまして、色別には、黒とベージュに関しては前年比一〇〇%を達成しております。さし色のほうは九六パーセントになっています。

吉越 さし色って何色?

隅山 ピンクだったと思います。

吉越 またピンク? ピンク大作戦を始める? いもっつあん、どう?

井本 報奨金[*26]出す? 一万円ぐらい(笑)。

吉越 またピンクなの? それをさし色って言うの? うちはメインでピンクを出すのが得意じゃなかったの? さし色もピン

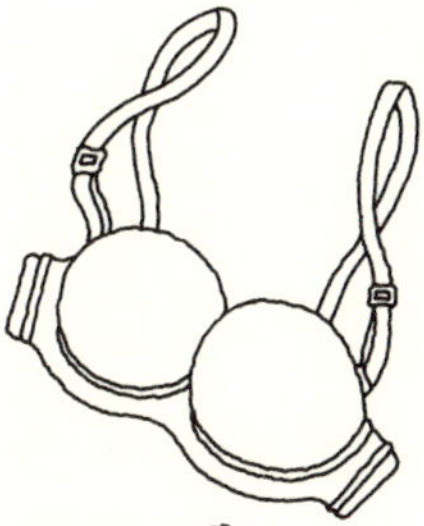

＊24 Tシャツブラ 日本でトリンプが最初に発売したブラ。薄いTシャツを着ていても、ラインが目立たない夏用の快適なブラ。最近のヒット商品。

＊25 さし色 黒や白といった定番色に対してアクセントをつけるための色。

＊26 報奨金 以前、あるブラジャーでピンク色が売れず、ピンクを1枚売るたびに100円の報奨金を出したことがあった。

クか。うちに色彩感覚の乏しい人がいるんじゃないの。ピンクがたまに緑に見えるとか。

隅山　他社の状況もあまり好調ではないと聞いております。メインで全面展開しているものも、好調ではないと聞いております。気温は上がってきましたが、ちょっと売り上げのほうが……。ここに載っております気温と売り上げの相関関係から。

これは二〇〇一年と〇二年の実績をもとに、気温と売り上げの相関関係をグラフにしたものです。これに照らし合わせて今年の実績を見てみますと、七度以下は把握できないんですけれども、一〇度以上になっている三月末から数字が上がっています。今後、気温が上がれば順調にいくと思いますので、拡販のほう、よろしくお願いいたします。

吉越　今日は二〇度を越えるそうですから、さあ期待しましょう。

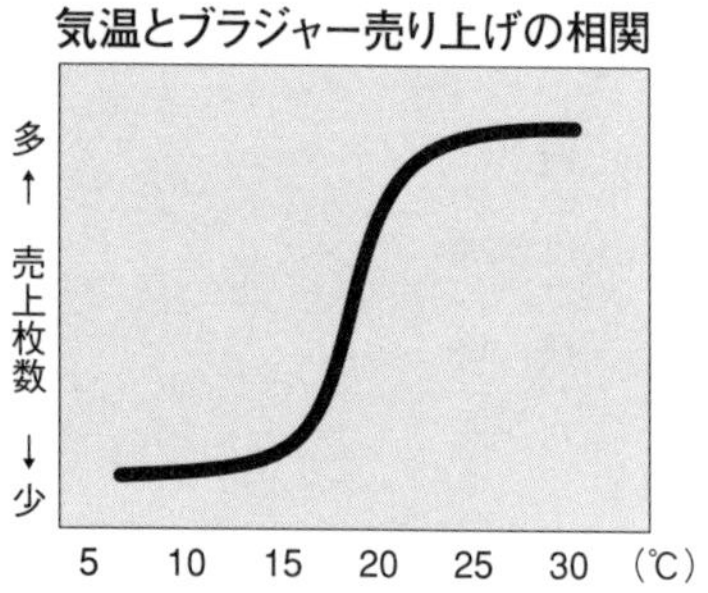

15　改善提案

吉越　改善提案ということに関しても同じようにたくさん出てきてる。ありがたい話ですな。

MS資料　　2003/5/20

トリンプ改善提案書提出枚数報告

営業管理部
堀見
毎週水曜報告

改善提案書提出	当週 5/14～5/20	03年5月前週迄	03年4月	03年3月	start～03年2月の累計	累計
役員室	C	2	1	4	82	89
経理部	5	3	4	2	91	105
人事部	0	1	0	1	77	79
営業企画課	0	0	2	5	86	93
広報室	1	0	1	0	64	66
PM部	0	2	3	3	79	87
流通管理部	0	1	38	3	66	108
営業管理課	1	2	4	5	50	62
販売促進課	0	1	0	0	32	33
全国業務	0	3	0	4	21	28
大東センター	0	0	5	1	63	69
IT部	1	1	1	1	30	34
教育部	0	0	0	0	30	30
計	8	16	59	29	771	883

＜今週の更新部署・件数＞
経理部 財務課で5件更新のため、計8件
経理部　5件
広報室　1件
営業管理課　1件
IT部　1件

MS定例
Recv'd
'03.5.20
Mgt. Office

16 物流梱包コスト

吉越 大東の松浦さん。ホワイトカートン（白い紙箱）っていうのは、どうも業界では〝真っ白け〟ってことじゃなくて、いまのカートンで印刷が入ってないものをホワイトカートンって言うんじゃないの？ 物流の用語をちょっと洗い流してみたほうがいいんじゃないの？

松浦 すみません。

吉越 それでいまの価格はいくらなの？

松浦 いまの価格と比べるとそれぞれ二円下がります。

吉越 使用後の下取りの価格っていうのはないの？

松浦 下取りの価格っていうのは……。

吉越 下取りの価格も教えてよ。

松浦 はい、わかりました。

吉越 ただで持っていっても、余計な色がなくなれば、意外と高く売れるんじゃないかな？ それと他に問題ないのかな、いわゆる環境問題を重視することで進めたいんですが、そこいら辺、他の業界かなんかでカートン屋さんに当たってみてくれる、そういったところの動きが随分あるのかどうか。

なくても先頭に立ってやりたいんだけど。うちのほうで本当に問題がないか、問題が起こったら、私は上司の指示でやりましたって言われたんじゃ、目も当てられないんで。

松浦　香港の担当の人に確認しております。

吉越　日本国内をまず最初に立ち上げちゃったほうが早いと思うんだけど

松浦　国内は特に問題ありませんでした。対応できます。

吉越　ぜんぜん一切問題ない？

松浦　問題ないということで。

吉越　社内的にも、社外的にも一切問題ない？

松浦　問題ないということで。

吉越　大丈夫ね？

松浦　確認取りましてＯＫ出ました。

吉越　いつから始める？　その値段にどう反映させるか、下取り価格、そこいら辺を全部教えてください。

松浦　はい、わかりました。

吉越　明後日聞きます。

17　出店政策の強化

吉越　大阪の××万円はデパートへの支払い家賃がすべてです。ということは、掛け率などは関係なし？

小柴　大阪です。そうです。

吉越　そうすると我々がほしがる三〇坪ぐらいのものっていうのは、そこいら辺でいくらぐらいで借りられるの？

小柴　今のところ三〇坪ぐらいのスペースは全然ないです。どのぐらいで借りれるかは確認していますけど

吉越　例えばその××万円の物件で一階だけだと坪いくらぐらいなの？

〝妥協しないことを教える〟
出店政策であれば立地条件は絶対に譲らない

小柴　一階だけっていうのはもともとなかったんです、三階建て全館でこれだけっていうのがすべてでしたから、一階だけっていうのは全然向こうにも確認してないですから、ちょっと確認してみます。

吉越　今、大阪のお店はいくらで借りてるんだっけ？

小柴　×××万円です。

吉越　ということは坪××万円だ。

小柴　借り主が小割りをしないという条件でデパートと契約してるんです。だからいちおうそうなりますが、坪あたりでは、交渉できないかもしれません。

吉越　とにかく坪××万円で三〇坪で一階を借りられた場合のP／L[*27]を作ってみてくれる？

小柴　はい、わかりました。

18　ランジェリー売り上げダウンの理由

吉越　ランジェリー（装飾の多い下着）の売り上げが落ちてる、その理由は？

＊27　P／L
損益計算書。営業担当者は新規出店時に必ずP／Lを作成。シミュレーションにより条件を変更・追加しながら出店の意思決定を重ねる。

何だかわかる？　PM担当かな？

梅澤　はい。

吉越　なんで一〇％も落ちててわからないの？

梅澤　コーディネート（ブラとショーツの組み合わせ）が落ちているというのが一番大きな理由です。

吉越　「恋するブラ」[*28]のコーディネートが？　もう「恋するブラ」の山は越えてるだろう。

梅澤　インナー（肌着）は好調だったんですけれども……。

吉越　そんなのすぐに調べて手を打ってっていうの。ちゃんとやっておいてくれないとな。営業のほうもわかってるのかな、営業知ってる？　一〇％も割ってる理由。営業、わかってる？

売り上げが低下した品目は、徹底して理由の説明を求める。
〝毎日の会議で素早く指示し、週ごとの対策を打つ〟

井本　インナー関係は調子いいですから一〇％も減っていないと思います。

＊28「恋するブラ」
「天使のブラ」「Tシャツブラ」と合わせてトリンプの三本柱のひとつ。

吉越　これは単週なの？

戸所[*29]　売り場は完全に真夏の売り出しになってるんですけど、インナーの売れ行きはいまのところ……。

吉越　去年だって夏だよね。去年は……、どちらが夏だった？　去年のいま頃は夏じゃない？

戸所　ただTシャツブラが売れているので、それに合わせてインナーが売れなくなってる。

吉越　とにかく明日ちょっと教えてください。そちらもこれ、わかって言えるようにならなきゃダメだよね。ＰＭは店頭ともっと密接にね、現場に近く。

19　EDIの料金比較

吉越　はい。これは？　いま現状の実態なの？

矢島　現在、かかっている金額実績とＥＤＩ（電子データ交換）料金表を添付いたしましたので、その中でできるだけ交渉できるところを当たっていきます。

吉越　要するにこんなにコストかかるわけないんだけどさ、月に二〇〇万円もか

＊29　戸所
商品企画1課長、戸所由美子氏。ベテランの商品開発担当者。商品開発経験の豊富な吉越社長に対して事前に十分な回答を準備している。

かってるんだよ、我々に。べらぼうにかかってる。ここにある表っていうのは、その中で選び出した表なの？

矢島　三〜四月で月間で五〇〇〇円以上かかっている取引先をピックアップしました。

吉越　売り上げが上がるとな……。もちろんこれを見るとA社が一番で四〇万ぐらい、B社が三五万、C社が三六万、B社なんて高いんじゃないの、売り上げからすると。ちょっと営業サイドから見てこれでどうするのかっていうのを検討して加えてくれない？　何かできることがあるのかどうかも含めて。いい？

20　売上フォーマット表

取引先ごとにバラバラなEDI料金から吉越はコスト削減のための〝仮説の立て方をさりげなく教える〟

吉越　玉利さん、月末に前年翌月の分析を出すことになりましたよね。このフォーマットを作ってくれる？　それで、例えば今月が終わったら、翌月の二日にそのフォーマットに今月のデータを書き込んで出してくれる？　六月の二日に五月に関するデータを書いてもらって出す。そうすると来年の四月末にそれを新しいフォーマットに移してくれればいい。そこに一緒にその月の目標が書き込めるように。その月というのは来年の目標ね。そういったことが書けるようにしたらそれをずっとローテーションで使えますよね。ちょっとどういう形になるのかこれをまとめてくれる？

それと勝見さん、直営店の地区別P／Lというのを作って、明日中に出してくれない？　それで毎月それを見ていきたい。要するにここの地域はもうブレーク・イーブンになった、この地域は利益が上がってる、それを見ていきたいの。

21　取引店からの要望への対処

吉越　九州の○○デパートさんの女性の方、なんていった？　上野さん？

上野　おはようございます、九州です。○○さんです、店長です。

吉越　違う、女性マネジャーの名前。

上野　ちょっと私はまだ会ってなかったものですから。すみません、すぐ調べて電話します。

吉越　○○さんだと思うけど。その方からA社の袋入りショーツで九○○円、綿一○○％っていうのがものすごく売れたのに、なくなっちゃったから、なんとかしてくれませんかと言われてる。

〝クイックレスポンス〟
吉越は、全国の取引店を頻繁に回る。
その中で受けた要望には即座に対処する

梅澤　A社のミセス用じゃないの？

戸所　同じですよ。今度PMが出す分で、そのメリットを取り入れた商品はすでにあります。

吉越　それは定番なの？

梅澤　いや、スポットで出して秋から定番ということなんですが。

吉越　ちょっとその九〇〇円のサンプルってある？

戸所　あります。

吉越　それと比較して明後日ここで見せてくれる？　「結論をお渡ししますから」と言ってあるので。それ百貨店の方に言っておいてくださいね。なんで今日、百貨店担当者が誰も出てないの？

上野　展示会です。

吉越　恐れ入ります（笑）。

上野　すみません。

自分の発言が誤っていたり、相手の主張が正しい場合、吉越は〝即座に謝る〟

22　ゴルフコンペの成績

吉越　やっと出てきた。

全員　おかしいですね（笑）。

吉越　昨日のゴルフの結果なんですが、これって前半なんです。これが完全に外れちゃった。この〇を書いたところがダブルペリアーから外れるところ。ここが外れてるんだよ。それでこの後半あたりから、ここら辺から結局、上がってきたんだよね、やっとボギーペースになって、この後半、ここがダボを打ってるけど、ここからはパーかボギー、44。ただいかにも外れちゃってるんですよ、これで。だから外れちゃったから、なんてことねえ（笑）。

吉越はよくゴルフの成績を会議で報告する。ゴルフ談義は息抜きのひとつ。
〝軽い話題で緊張した場を和ませる〟

ハンディ12だよ俺。ハンディ12、立派でしょう。もうすぐシングルプレーヤーだね。W社のTさんはね、38。

こっちが前半だったんだよ、Tさんが52で俺が51で、危ねえって言ってたんだけど、後半で圧倒的な差が。Tさんは終わったとき、勝ったつもりで俺のところに寄ってきたんだけどさ、おもしろかったね。あと見てくれる、これ。○●商会のNさん。俺のところに来て頭下げてたよ、申し訳ございませんでしたって、ハンディくださいって。そりゃそうだよな、彼がグロスで96で、俺が95でさ。彼のハンディ22・8なんて言うんだもん。

久しぶりにお見せいたしました（笑）。

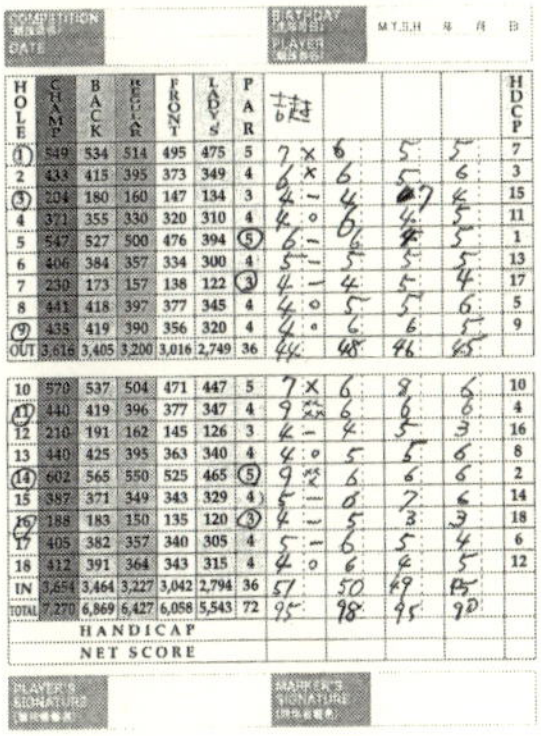
COMPETITION DATE | BIRTHDAY PLAYER | M.T.S.H 年 月 日

HOLE	CHAMP	BACK	REGULAR	FRONT	LADY'S	PAR	吉越					HDCP
1	549	534	514	495	475	5	7	×	6	5	5	7
2	433	415	395	373	349	4	6	×	6	5	6	3
3	204	180	160	147	134	3	4	−	4	7	4	15
4	371	355	330	320	310	4	4	○	6	4	5	11
5	547	527	500	476	394	5	6	−	6	4	5	1
6	406	384	357	334	300	4	5	−	5	5	5	13
7	230	173	157	138	122	3	4	−	4	5	4	17
8	441	418	397	377	345	4	4	○	5	5	6	5
9	435	419	390	356	320	4	4	○	6	6	5	9
OUT	3,616	3,405	3,200	3,016	2,749	36	44		48	46	45	
10	570	537	504	471	447	5	7	×	6	8	6	10
11	440	419	396	377	347	4	9		6	6	6	4
12	210	191	162	145	126	3	4	−	4	5	3	16
13	440	425	395	363	340	4	4	○	5	5	6	8
14	602	565	550	525	465	5	9		6	6	6	2
15	387	371	349	343	329	4	5	−	6	7	6	14
16	188	183	150	135	120	3	4	−	5	3	3	18
17	405	382	357	340	305	4	5	−	6	5	4	6
18	412	391	364	343	315	4	4	○	6	4	5	12
IN	3,654	3,464	3,227	3,042	2,794	36	51		50	49	45	
TOTAL	7,270	6,869	6,427	6,058	5,543	72	95		98	95	90	
HANDICAP												
NET SCORE												

PLAYER'S SIGNATURE | MARKER'S SIGNATURE

23　心斎橋店盗難事件と保険金請求

吉越　保険金請求書、なんだこれ？　「コスメティックピュア」でシャッターのレールが盗まれた？　何なの？

小柴　心斎橋のお店です。

吉越　どうしたの？
小柴　シャッターのレールの縦の部分が二本、盗難にあいまして、それを保険であがなったという書類だと思います。
吉越　どういった状況なの？　いつ盗まれたの？
小柴　五月六日、連休の最終日の夕方五時半から閉店までの間に盗難にあったという状況です。
吉越　それはお店を営業している間に盗まれちゃったのね？
小柴　はい、そうです。翌日、警察に届けて、その日入り口でシャッター屋さんに頼んで仮設のものを作ってもらって、一昨日の時点で全部新しく作っていただきました。その保険の請求だと思います。
吉越　いくらかかったの？
小柴　一六万円です。
吉越　それは平素は外に置いておくものなの？
小柴　普段は南面のシャッターケースに入れてしまうんですけれど、その日はたまたまウインドウの横に寝かせておいたという状況で、こちらのミスが重なってます。

吉越　そこいら辺の徹底をやってくださいね。
小柴　はい、わかりました。

24　直営店売り上げと宣伝費の費用対効果

吉越　「オデット」店舗の売上前年比、一五〇・四％はチラシ効果があり？　これ費用対効果を教えてくれる？
江藤　キャンペーン期間がありますので、来週の月曜でよろしいでしょうか？
吉越　いいよ。来週の月曜日、五月二六日。それから「ティーナ」の東京のも同時に教えてくれる？　「ティーナ」錦糸町か。

25　カタログ通販事業の今後

吉越　アンダーA[*30]、今回見せてもらったけど通販カタログそのものはいつも悪くないんだよな。飛鳥さん、カタログは毎回見て良くなったなと思うんだけど、売り上げを上げてくれよ。売り上げのためにカタログ悪くしなきゃいけないんだっ

＊30　アンダーA
若者に向けた直営店ブランドの通販カタログ。

たら、悪くしても結構だ。表紙に出ているモデルはなかなかかわいい子だな。

木田　ユンソナです。韓国出身の。日本語はペラペラ。

吉越　今回はうまくいく？　予算達成は大丈夫？

飛鳥　はい、大丈夫です。店舗配布分のレスポンスに関しては上がっていますが、既存顧客は五％下がっています。これは巻頭のイメージページで四〇％以上の売り上げを取っているにも関わらず、そうしたイメージの提案が十分でなかったことが原因です。今後はそういったイメージを、お客さんに提案するフェーズを増やして、レスポンスを高めていきます。

　また、前回もお話ししましたけれども全体的に若い客層向けになりすぎているので、そこを変えてもう少し新規の顧客を取っていけるようにします。あとは通販カタログであることがわかりにくいというご指摘もあったので、巻末に申

し込み用紙をつけて、通販であるとわかりやすくしました。それから、毎回カタログのページごとに申し込みアドレスを書くことによって、各ページを見ながら簡単に注文しやすくしてレスポンスを上げようということもやっています。

吉越　流通分のレスポンス率は上がってるんだな。ということは今回、新規の客のレスポンス率は上がっていると。客単価も上がってる。欠品も良くなってきた。ただ問題はこのレスポンスの五％、既存顧客分ということはリピート客だな。我々が薄いやつを送ったところが問題だと。これ以外は全部うまくいったということだ。じゃあそこのところを改善すれば大丈夫だというわけだな。じゃあ今後改善してどういった形にするの？

飛鳥　基本的にはもちろん書店・コンビニで売っているものと同等のものとしていきます。

吉越　同等のもの、でも別のもの？

飛鳥　はい、同等のものを出して、特別セールページをつけて、顧客へのお得感を出していきます。

吉越　わかりました。がんばって！　今回の予算達成でブレーク・イーブンどうのこうのっていうのはそこまで含んだやつになってるんだな。

飛鳥　はい。

26　ボディライナー[*31]の色落ち

吉越　戸所さん。「ボディライナーの商品で黒の展開は色落ちがするので難しい」なんてこと言ってないでさ。綿の黒は色が落ちるって、それで終わりなの？

戸所　パワーが強くて崩れるので、例えばそこに白いショーツとかをはいて汗をかいたときに、摩擦で色が落ちたりする可能性があるんですね。「原色なのでご注意下さい」っていう注意書きはあるんですけれど。

吉越　他に色が移っちゃう。この001パンツっていうのは？

戸所　ボディライナーです。ちょっと長めで、裏側に綿が入っています。ずっとこれはベージュ中心で、もうひとつボディライナーはナイロン中心の長めのものがあって、そちらにはもう黒をつけています。

吉越　ナイロンのほうはいいのか。コットンっていうのはもう絶対に落ちちゃうものなの？　何とかする方法はないの？　俺たちの子供の頃だったらさぁ、色落ちするっていうのはわかるけど、いま頃ないだろう？

＊31　ボディライナー
トリンプの商品名。ショーツのこと。

戸所　いえ、だいぶ改善はされてますけど、二級が限界ですね。天然繊維ですので、難しいです。昔は重金属を使って安定させたんですけれども、重金属は公害の原因で数十年前から問題がありますから、もう使ってないです。白っぽい黒だったら別にいいです（笑）。

吉越　そうなのかなあ……。梅澤さん、これはもう追いかけてももう絶対ダメだっていうレベルなの？

梅澤　苦情がでるかでないか、その判断だけですね。実はブラジャーなんかでも、アンダーテープをコットンの黒でというのが結構言われてますけどいまの段階では難しいですね。

吉越　わかった。

しつこく攻めても
反論に合理性があると判断した場合、
吉越は〝素直に折れる〟

27　週間スケジュール

吉越　今晩から業界団体の懇親会があって、明日またゴルフが入っちゃってるので申し訳ない。明日のＭＳは失礼します。

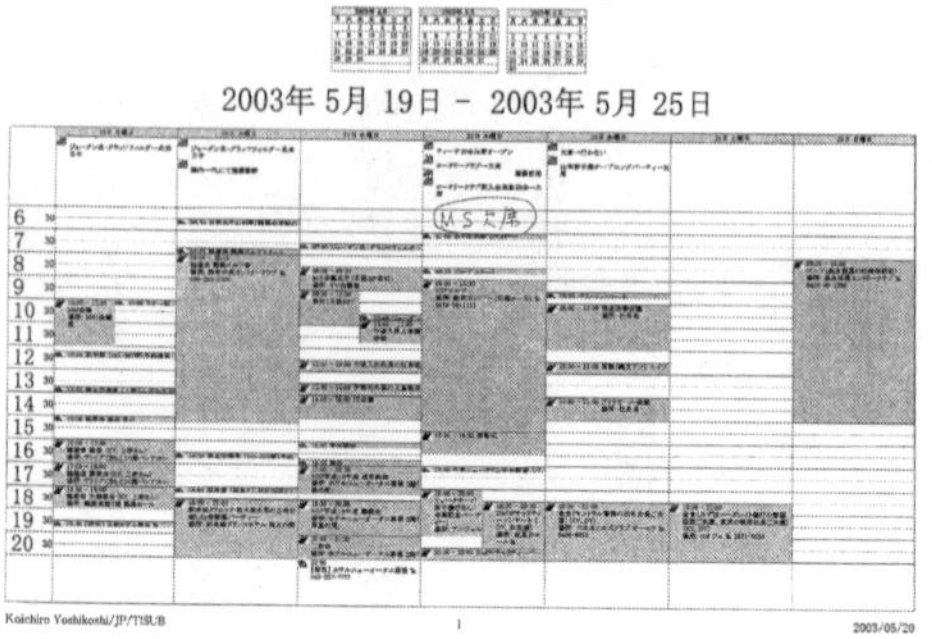

28　タイガースブラ[*32]の開発

吉越　阪神なんですが、うちも阪神のブラジャー作らない？　いまから手配しておいて、優勝したら後半売り出しちゃってもいいし、そうじゃなかったら来年の五月、いつも五月までは大丈夫なんだよな？（笑）

梅澤　用意します。

吉越　じゃあ、いつ頃、何をするってスケジュールを。

梅澤　売り出しっていうことでいいですね？　店頭売り出し。

吉越　それも地域限定でいいと思うよ。スケジュール作ってください。それで今年は優勝が確実になってきたら、間に合うようだったらそれで。

木田[*33]　京王さんでも売らせてください。京王に阪神コーナーがあるんです。

吉越　おもしろいじゃん、やろう、やろう。

＊32　タイガースブラ
採算よりも話題性を狙った企画。トリンプでは横綱ブラ（95年貴乃花結婚）、ハルマゲドンブラ（99年）などの企画ブラをほぼ毎年2回のペースで提供。

＊33　木田
実は木田専務は大の巨人ファン。

29　話題企業の調査と検討

吉越　それで置いておく。次。これは勝見さん？　当たってみた？　技研トラステム[*34]。

勝見　二三日にいちおう来ていただきますので、二六日に報告します。

吉越　日本市場の八四％を占めているっていうことだと、やっぱりここをちゃんと見ておかなきゃいけないな。二三日にこちらへ来る？　そうすると二四日に聞けばいい？

勝見　二六日ですね。

＊34　技研トラステム
特殊なセンサーで来客数などを数える装置のメーカー。ビジネス誌に載っていた話題のベンチャー企業。新しい情報にはすぐにアプローチする。

30　直営店での販売期間終了商品の返品

吉越　フェーズアウト商品[*35]をまだバーゲンとして店頭で販売している。いつなくなる？　もうなくなったんだよね、店頭で売るのはプロパー商品だけだろ。プロパー展開が終わったら返品するんでしょ？「オデット」店舗以外。

高瀬　アモは基本的に返します。

吉越　「基本的に」って言葉はいらないの。必ず返してますね。「アモ」も「コスメピュア」もすべて返してると。「オデット」以外は。「オデット」は一カ月間のフェーズアウト期間をおいてるの。確認のため、それを文書にまとめてサインして俺によこせ。

社員との約束は単に口頭だけでなく、〝文書で約束の内容を提出させる〟

＊35　フェーズアウト商品
販売期間が終了した商品のこと。大東センターに、返品することになっている。

31　バーゲン用サンプル出庫

村松　何のためにサンプル出庫をしてるかっていうと、チラシ等の紙面を確保して売り上げを上げていこうとやっているんですけれども、取引店のいまの考え方からいくと、写真に掲載した商品は少なくともお客さんがその現物をほしがるということで、五から一〇枚在庫がなきゃいけない。

吉越　写真って何に使う写真？

村松　チラシに載っけたり、取引店の情報誌の紙面に載っけたり。

吉越　あんなのいつもひとつしかないじゃん。

村松　そうでもないですよ。最大九スタイルぐらい載せてます。そのまま、いまメインの二〜三スタイルに関しては認めていただいている取りおき用の一五〇SKU[*36]の中で利用しながらやっています。残りの三〜六スタイルに関しては、統合品番（バーゲン用の品番）の中から色を選んで、在庫を確保できるものを写真撮りします。そういう形で対応せざるを得ない状況なんです。

吉越　全SKUを五枚から一〇枚持てっていうことなの？

＊36　SKU
ストック・キーピング・ユニットの略。色、サイズ、型別にわけた最小の在庫管理単位のことを指す。

村松　写真を撮った商品ですね。

吉越　その商品の全ＳＫＵ？

村松　同カラーです。

吉越　同カラー、同番号、同スタイルの全ＳＫＵを五枚から一〇枚持ちなさい。

村松　だから少なければ九ＳＫＵぐらいだと思うんですけど、一色ですから。

吉越　一五〇ＳＫＵだったら十分じゃん。

村松　ものによってはひとつの写真の中に重ね撮りで五色展開して入れなきゃいけないという場合も出てくるわけです。そうすると五色の九倍で五〇ＳＫＵぐらいになっちゃったりします。そういうのが二～三スタイル入るだけでも一五〇ＳＫＵは越しちゃう部分があって、いまのところこの中では対応しきれていません。もう既に商談に入ってますけれども、この秋の掲載から改善していきたいと思ってます。サンプル出庫しないでなんとかやりきるために、ＳＲ（営業）がＴＤＣにおじゃまして、色の統合品番の中から必要なカラーを選び出す作業というのも併せてやっていくとか……。

吉越　言ってることはわかった。それで何をどこまでいつまでにやってくれるの？

村松　この秋のセールからやる形でいま商談を進めています。

吉越　具体的な数字をください。これじゃ何がフォローされてるかわからない。

〝単刀直入に問題を表現する能力を求める〟
説明が当を得なかったり、ダラダラ長いと
要点を整理して再度、報告することになる

村松　じゃあここの部分を明後日に。

吉越　要するにバーゲンのサンプルの貸し出しが多い、サンプルの返品が多いというので調べていったら、そちらが大部分だということになったわけでしょ？　俺から言わせたらそんなの大部分でもへったくれでもない。そのサンプルがゼロになるのか、あるいはゼロにならなくて何枚になるのか。それを明確に教えてください。それは、特定の取引店だけじゃなくてすべての営業チャネルとも相談して全体を見てくださいよ。いいですね。要するにサンプル返却が多い。いつまでに何枚にする。それだけ。

32　贈答用オリジナル特製ネクタイ[*37]の製造原価

吉越　ネクタイの詳細をください。マーケの堀部さん？

堀部　はい。

吉越　どうですか、堀部さん、入社して一カ月たったけど慣れてきました？

堀部　いえ、まだまだです。

吉越　うちはうるさいのが多いでしょ。だいたいうるさいのは年取ってるからね、何年かたてばみんな引退しますから（笑）。

堀部　今回のネクタイの内訳です。デザイン全体でいま二五万円かかってるんです。ご指摘のあったネクタイなんですが、コスト削減を狙って中国製にしました。黄色と紺に分けたことで、ロット数が減って×××円になっております。ネクタイの箱のほうが三二四円（笑）。

吉越　絶対におかしい。だから今回、会った連中みんな、箱が立派ですねって言うんだよ（笑）。いかにとんちんかんなことやってるかだよね。

堀部　さらにお持ち帰り用の袋が一五四円だったので、一個あたりが×××円に

＊37　オリジナル特製ネクタイ
もともと天使のブラ発売一〇〇〇万枚を記念して贈答用として作った天使と下着の図柄を組み合わせもの。Eビジネスでも扱ったところ即日完売した人気商品。

なっております。今回は箱が立派で三二四円なんですが、実は去年のネクタイの袋を覚えてらっしゃるかと思うんですが、あれが二八〇円でございます。で、三二四円でちょっと上がったんですが、実はロットを増やしコストを落としたことで、立派には見えるけれども、実はそれほどコストが上がっているわけではないとわかっていただけたらと思っております。

吉越　いや、だけどそれは。

堀部　今後の方針なんですけれども、先日ご指摘がありましたように、ネクタイの色、いま、二色ありましたものを一色にしますと、ロットが倍に増えます。そうしますと一個あたりの単価が現在の概算で一〇%安くなるという見積もりをいただいておりますので、最低でも一〇%安くします。ということで単価が×××円まで下がります。

もうひとつご指摘ありました、すべての人に立派な袋が必要かという問題なんです

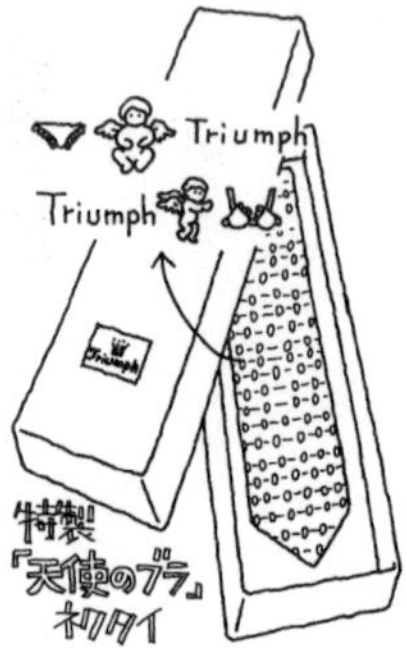

が、それは、はっきり言って必要じゃない場合がございます。例えばなんですが、お取引先の方に配布する場合には、リーフレット等を入れてお渡しするということで必ず必要。社内には不要ということで三〇〇〇と五〇〇に分けた場合、この五〇〇個に関しましては普通に包装紙を使って人の手で包装しても、梱包配送費は五〇〇〇円アップするだけという見積もりが取れました。このような形で進めてはどうかと思います。

木田　梱包配送費ってどこで配送するの?

〝あらゆる原価管理は厳しく〟
コスト管理は量と質との兼ね合いで厳しくチェック。
外注業者も数社の検討を加える

堀部　ネクタイと箱と袋を全部、袋を印刷してくださっている業者さんのところに集めて梱包します。

吉越　そんなのネクタイ屋がやるのが当たり前じゃないの?

堀部　去年まではネクタイ屋さんでやっていたんですが、今年に関しては袋を印刷してくれている業者さんのほうが安いという見積もりが出まして、そちらに全部を集めて、梱包することにしています。単純にそれだけで×××円ということで、いま現在よりも×%のコストになるというところまでは。

吉越　袋なんだけれども、全部きれいな包装紙に入れてるけれど、そんな袋必要なのかね？　袋は三つか四つ五つぐらい入る袋を用意して、それは普通ののっぺらぼうのやつでいいんじゃないの？

川崎　ネクタイ二色を一色にして一〇%安くなると言ってますよね。ところがネクタイを入れる箱は二八〇円から三二四円に上がったというのは？

堀部　いまは同じものを使うことを前提に書いてしまってたので。

木田　それを下げたほうがいいんじゃないですかね？　三二四円を二八〇円のものの袋にしたら、二〇%以上かかっちゃうんですよね。だったらネクタイは××円のままで、二色あったほうが。

吉越　箱なんか中国に作らせたほうがいいんじゃないの、箱に入れるのを中国で、パックさせて持ってこさせたら絶対安くなると思わない？

堀部　今回それをちょっとこのまま載せさせていただいた理由というのは、今回ああいう良い箱にしてしまって、来年四〇周年記念のときに、箱のレベルが下がったらどういったイメージを与えるのかなっていうのは若干ありまして、残させていただいたといいますか……。

吉越　これより豪華にしたっていいんですよ、安ければ。

堀部　中国での包装に変えるということで、この三二四円とこの袋の一五四円を落とすように考えます。

吉越　この比較表もらっちゃっていい？　ネクタイの専業のところに送って検討してもらいますから。そちらもどんどんやってくださいね。私のほうで資料が何か出てきたらお渡ししますから。

33　品質管理のチェックシート

吉越　「Tシャツブラ」ローカルプロモーションツール不具合、これはいわゆるケガをする可能性があるということ？　再発防止はどうするんですか？

堀部　今回、制作会社に作ってもらったんですが、そこの業者だけではなく、今後はすべての業者に「トリンプチェックシート」の作成を義務づけます。この中でどういったチェックをその会社内でしていただいて、安全性について確認したかというのをチェックするようなシートです。プロモーションツールの制作時に、業者よりチェック済みのシートをいただいて、それをいただかないと製作を進めないという形にします。それが終わってダミーができた時点で営業企画課内で安全性のチェックをします。これは担当者と私でチェックします。その後、ＶＭＤ[*38]会議内でお見せするんですが、その際に「このようなやり取りをして安全です」ということを確認していただきます。

吉越　だいたいわかりました。これをちょっと見せてくれる？　チェックシートというのを。もうできあがってる？

堀部　いえ、いま作っている最中でございます。

吉越　それいつ頃できるの？

堀部　来週の月曜日にはお見せできます。

吉越　それを見せてください。

＊38　ＶＭＤ
ビジュアル・マーチャンダイジングの略。視覚的要素を取り入れて顧客の購買意欲をそそる商品計画のこと。

34　在庫と追加生産、販売の関係

吉越　追加生産、このまえ営業で言ってたけど、どうなったの?

梅澤　「天使のブラ」[*39]ですけど、ブラジャー、ショーツでカラー二色を追加の新色として出すということで対応すればと思います。

吉越　わかりました、ありがとう。もう決定ですね?

梅澤　いや、在庫増が発生するということで、これを了承してもらわないと生産管理のほうは承認できないと。

吉越　どうして在庫増になるの?

梅澤　これは入庫し始めなきゃいけないので、もうオーバーしてます。いろんなものを作ってしまってるだろうし、在庫オーバーを前提としなければいけない。

吉越　在庫増は認められません。一回始めちゃうとどうにもこうにもしょうがないんです。最後は在庫増で大騒ぎするんだから。

天川　今回、予想以上に売れた用意として五万枚追加で作ってるんですよ。

梅澤　それはバーゲン用ですね。

*39　天使のブラ
94年春に発売され、シリーズ化した大ヒット商品。トリンプの知名度を一躍高めた。寄せて上げる、軽くてソフトな新商品は、女性に絶大の人気を博し、トリンプを代表するブランド。

天川　そういう形で用意してます。

吉越　なんだよ、それ。そんなの調整して持ってきてくれよ。こんなところでここで細かいこと全部引っ張り出さなきゃどうにもこうにもしょうがないじゃない。そんなのやってる暇ありません！　営業がバジェットを大きくすればいいということなんですか？

〝MS会議は物事を決める場〟デッドラインを迎えたテーマは事前に現場で十分練ってくるのが前提

梅澤　そういう話で。

木田　営業としては安全な話、ほしいからね。

天川　ただ安全っていっても、「天使のブラ」しか売れないことを前提にして安全にしてくださいって言われたら、いつまでたっても戻ってくる。我々の評価としては厳しいようになるけど、もし失敗したら。

吉越　具体的にもうどうしようもないの、それ？　方法はないの？　バーゲン課の長谷川さん、そちらの持っている生産枠はもう全部今年は使っちゃったの？

長谷川　まだ入庫の余裕はありますけれども、ただどこで作ってるか、入庫の調整ができるかわかりません。

吉越　そこで長谷川さんも入って打ち合わせしてくださいよ。こんなところででできる、できないなんて話してもしょうがないので、やるんですよ。具体的にどうしたらできるんだ。在庫は増やしちゃいけないんですよ。でも、かたや在庫は増やしてでもやります、セールスプランを増やします。

そんなこと言ったってそんなの誰が信用する？　そうでしょ？　そちらも、それ言うんだったら中に入ってやってくれ。こんなところでごちょごちょぶつかったって、そんなの知るかっていうの！　明後日、聞きます。

35　店別の売上高報告

吉越　売り上げ比較出してくれる？　心斎橋と仙台一番町はどうかな？

高瀬　今月はトータルで、心斎橋が仙台一番町を上回っています。

吉越　でも中にはやっぱり心斎橋を追い越してる日があったんだな。「がんばれ」

ってここいら辺の日に東北営業部に電話を入れたんだけど、やっぱりダメか。電話してからダメになっちゃった。

吉越　おーい仙台、清水さんによく言っておいてくれよ。「がんばれ！」と。もう少しなんだから、追い越すの。

トリンプにおいて〝競争心は美徳〟
店舗成績は全社でオープン。勝者には賛辞、敗者には叱咤激励がなされる

渡部　わかりました。

吉越　仙台一番町がよくやってるのはよくわかる。片方はダメ、片方はいいんですから、がんばってやってください。あんなに客数が多い所で、こんな売り上げしかできない心斎橋と、あのレベルでよくここまで売り上げている一番町と雲泥の差ですよ。がんばってやってくださいね。またしばらくたったら比較しますから。あるいは追い越したのが確認できたらそちらから言ってください。すぐにこ

ちらで出しますので。

36　大東のソフトウエア変更

吉越　大東センター、中村さん。

中村　はい。

吉越　今日、ソフトの開発依頼を完全に見直すということで、完成後の変更は一切認めませんからね。ということは十分以上に検討して、いまのソフトウエアで変更を要する項目は全部見直しをして、いったん変更したらもう二度と何年間か変更しなくて済むようにしてくださいね。部内での打ち合わせを至急始めてくださいね。それを頭に入れておいてくださいね。なあなあというのは一切やめますからね。いいですね。

中村　わかりました。

37　専用カードの法的制限

吉越　直営店カードをテレホンカード、当初、クオカードと同様に売っていく。そのためには何か法的な制限はありますか?

飛鳥　一応、金券の販売をする場合ですけれども、三月末より九月末時点で日常の残額が七〇〇万円以内に抑えていれば、販売することがOKだということで、こちらのほうで実施していきたいと思います。七〇〇万円を超えてしまいますと、関東財務局に諸条件を提出することと、一〇〇〇万円を超えた場合に関しては二分の一の金額を東京法務局に供託を行う必要があるということで、かなり手間のかかる部分もありますので、七〇〇万の残額を超えない形で発行しなければなりません。

吉越　供託してもいいよ、売れるんだったら。わかりました。とにかく七〇〇万以内にやっていく。それはいつ頃どう聞けばいいんだ。

飛鳥　ただ、今回は有効期限つきで販売することができませんので、次回、販売するとしたら次の展示会に合わせてやりたいと思います。

吉越　展示会は関係なしだよ。テレホンカードと同じように売ってくださいって言ってるだけ。わかってるな？　じゃあ、いつ頃聞けばいい、可能性？

飛鳥　方法とスケジュールでしたら、来週の月曜日に出します。

吉越　方法とスケジュールは五月二六日だね。

38　直営店の建て直し策

吉越　松が谷さん、直営店流通センター実験店の追いかけ担当、これ松が谷さんね。月別目標を立てる、その追いかけ、手法、等々、ちゃんと追いかけてくださいね。いつの間にか大赤字を出すようになっちゃったんですよ。いろいろと実験を目的とした店だから大きく儲ける必要はありませんが、せめてブレーク・イーブンを狙ってください。

松が谷　申し訳ありません。年間で一月から四月までは大赤字なので、そのことは忘れてください（笑）。

吉越　それ何度も言うけど高瀬さんがほったらかしただけの話なんですよ。

松が谷　高瀬が悪いです（笑）。

吉越　本当だよな、反省しなきゃダメだよ。

松が谷　代わりに私が五月から一二月まで責任を持って目標を立ててやらさせていただきます。人件費は年間三六〇万で抑えます。毎月三〇万の中でやりくりをする。

吉越　でも今年一二月までで黒字になってなきゃダメですよ。

松が谷　はい。一月から四月までで三八万四〇〇〇円マイナスをしておりますので、一二月までに取り戻します。

吉越　黒字にしてないと閉鎖。

松が谷　かしこまりました。

吉越　いいですね、じゃあ責任を持ってやってください。いつ頃何を聞けばいい？

松が谷　毎月五日にそちらの上のフォーマットに、数字を入力して報告させていただきます。以上です。失礼いたします。

39　9:45

増産計画

吉越　今月の九月末の予定で一万枚で生産します。現状の商品については多少の改良点があるので、改良点を変更して例えば色、パターンなどね。そういうプラスのものを入れて九月末に登場する。一〇月一五日からまた追いかけをしていきます。

　とにかく、他社で圧倒的に売っていた数量のものなんですよ。それがたかがこんな数量で売り残して、何かがおかしいんじゃないの？

他社のいい商品や優れた経営手法などは、
〝徹底的にマネをすることもよしとする〟
ただし、他社がやめても、トリンプで継続している手法もある

井本　問題はあったんです。色だとかパターンが細かかっただとか。

吉越　前とは違うの？

井本　若干。やっぱりＰＭに確認したところ、パターンを削っていたということがあったので、そこいら辺を改良して九月に出させていただきます。

吉越　ＰＭが勝手にパターンを変えちゃったから売れるものじゃなくなりましたと。

井本　そういうこともあったと。

吉越　なんで梅澤さん、そんな向こうで売れる商品をそんなふ

うにしちゃうの？　価格の問題なの？　戸所さん？　価格の問題で商品を変えちゃったの？

戸所　いや、大きく変えてません。そんなに受注に弊害が出るほどは。

吉越　営業はそれが理由で売れなかったたって言うんだよ。それを直すんですって言うんだよ。どっちが正しいの？

戸所　いや、色が薄かったとかいろんな問題点があって。

吉越　じゃあ色は変えたの？

戸所　今度は去年に関して不評だったのを直しています。

吉越　サンプルをここへ持ってきて明後日見せてください。その二つね。なんで前はスクワラン加工なんていうのをやってたの？

戸所　いえ、やってないです。これはプラスです。

吉越　プラスしたほうがいいの？

戸所　それはいいんじゃないですか。

吉越　とにかく売れる商品を作って売ってくれって言ってるだけなんだよ！

40　展示会のスケジュール

吉越　日程は、東京と大阪、福岡に集中してやるんだね。二〇〇四年、来年の五月の展示会ね。六、七日なんていない人もいるんじゃないの？

井本　それは連休明けは今年も他社さんでも連休明けすぐやってますけどね。

吉越　連休明けって言ったって、ほかの週になるんじゃないの普通。連休の最中でしょ。六、七なんて。

井本　はい、一〇、一一日よりも休む可能性多いみたいですね。

吉越　普通は一日～五日まで休みだったら六、七日は休んじゃうんじゃないの？バイヤーは大丈夫？

永松　バイヤーは一〇、一一日は休みです。連休明けであるんだよね。カレンダーの関係で、要は四月に休むところもあったんですね、いろいろ商品の納品で休みがとれないいんですよ。

吉越　今年は東京は何日だったっけ？　七、八日か。日程的には同じようなもんなんだな。

井本　五月の連休中だからお店は結構忙しいかも。

吉越　連休中っていうのはお店は意外と暇なんじゃないの？

井本　いや、そうでもないですよ。

吉越　地方から来て、東京の人はほとんどいないんじゃない？

井本　田舎から出てくる。

木田　東京なら一一日のほうがいいかもしれませんね。

吉越　東京だけ考えたらね。本当は一二、一三日あたりが一番いいんだろうな、東京でも。大阪は一番いいですね。でも来年の分だからこれはどうしようもないわけでしょ？

木田　それで押さえてますからね。

吉越　やるときにもうちょい詰めてからやらないとまずいな、ゴールデンウイークの最中っていうのは絶対よくないと思うよ。何か問題がいろんなところでこれから出てくると思う。わかりました、しょうがないな。

41　万引き防止システムの効果

吉越　高瀬さんお願いしますね。万引き防止システム。

高瀬　前回、吉越さんがおっしゃったとおり、万引き防止システムをつけないとほかはどうなんだというところなんですが、全体的には〇・七％ですので、そういう意味ではなくても大丈夫だと。

吉越　何が〇・七なの？

高瀬　全国の去年の被害状況です。

吉越　一〇〇億円で一％っていうと一億。七〇〇〇万。七〇〇〇万円ぐらいだったらいいということですか？

高瀬　それで基本的には一・二％台以下にすることは何を使っても難しい、というような回答もきてますので、当社としては。

吉越　本当にうち〇・七％なの？

高瀬　去年のデータはそうです。

吉越　本当？　盗みにくいのかな？

高瀬　アウトレットも防犯カメラついて〇・九％。
トーマ　盗みたいものがなかったとか……（一同笑）。
吉越　わかった。じゃあ、ほかは防犯カメラを使ってるの？　じゃあ防犯カメラでいくとするか。アウトレットには徹底してください。
　じゃあ、いいですか？　ほかに質問したい人はいるかな？　ほかには、ありませんか？　じゃあ終わります。ありがとう。

会議が終わると、参加者はすぐに席を立って職場に戻る。議事録は当日一〇時三〇分までにイントラネットで公開される。

第二章

早朝会議の舞台裏

毎日恒例のMS会議が終了した。わずか一時間から一時間半の間に四〇テーマが議題に上る。議論の後に指示が出て、テーマごとの責任者とデッドラインが決まる。デッドラインを言い渡された責任者は、回答を期日までに報告しなければならない。それがトリンプのルールだ。

テーマは組織的に扱う場合もあれば、責任者個人で片づけてしまう場合もある。毎日、異なるテーマが次々と各部門に下りる。複数のテーマを一度に抱える責任者もいる。しかもMS会議では、吉越社長の納得がいくまで、テーマの「追っかけ」が行われる。

現場の社員はどのように与えられたテーマに立ち向かっているのか。日頃、会議に思うところは何なのか。MS会議をどのようにとらえているのか。吉越社長のテーマ設定や会議運営の狙いはどこにあるのか――。

MS会議の後、参加者へのインタビューを行った。舞台裏で繰り広げられるトップと社員の駆け引き、葛藤、会議を軸としたトリンプ流経営システムの意義に迫ってみた。

インタビューに協力していただいたのは以下に挙げる四人の皆さんである（役職は二〇〇三年六月時点）。

1　戸所由美子　プロダクト・マネージメント1部　商品企画1課　課長
2　高瀬厚三　東京直営店営業部　部長
3　堀部真奈美　マーケティング本部　営業企画課　課長
4　渡辺尚有　Eビジネス推進室　室長

■証言1　戸所由美子　プロダクト・マネージメント1部　商品企画1課　課長（八八年四月入社）

「デッドラインをこなすべく、走りまわってます」

戸所は、入社一五年のベテランである。入社以来、吉越社長の経営とともに歩んできた。二児の母親として家庭と仕事を両立させている。

入社の動機は、自身がトリンプの下着の愛用者だったからだという。

私は子供の頃からずっとトリンプの下着を使っていまして。もともと母がトリンプの熱烈なファンだったんです。「丈夫だし、フィッティングもいいし、これ着けなさい」と言われて、気がついたときには、トリンプ製の下着ばかりを身に着けていました。

幼い頃から憧れていた下着メーカーに入社、今度は自分が企画した製品がトリンプブランドとして世に出る。思い入れのある仕事に情熱を傾ける戸所に仕事内容やMS会議についてたずねた。

商品企画にも光る社長の視線

トリンプの商品企画は、マーケティング調査に始まり、国内市場のニーズ、海外のトレンドなどを分析した上でアイデアを練る。基本的にブラジャーの開発は香港で行っており、日本の商品企画がアイデアを提供し、香港で具現化する。そのため戸所は、毎年、春夏のワンシーズンで三回、秋冬で三回、日本と香港のスタッフと合同ミーティングを持っている。商品は香港で試作品を完成し、百貨店や取引店向けの展示会で発表した後で市場に投入する。

商品の点数が多いので、メインになる「天使のブラ」とか「Tシャツブラ」は、当然、事前に何度も商品コンセプトの発表を行ったり、求められればサンプルをMS会議に出します。でも、細かい商品まで全部となると、吉越社長は展示会で初めて目を通すことになります。

例えば、展示会のときに出ていた商品のカラーが悪いと、「いろいろな分析をして発表した」と説明しても納得せずに、「色を変えなさい」と言うこともある。次のシーズンの商品を扱う展示会では、展示会のときにもう生産が始まりかけているのに、すぐ生産を中止しまして、色を変更したこともありました。

MS会議には商品企画のすべてが上がるわけではない。商品開発がスムーズに進み、市場の反応がいい場合、吉越社長はあえてテーマに取り上げない。

「Tシャツブラ」は、戸所も深く関わった最近の大ヒット商品である。吉越社長と戸所たち商品企画チームの関わりを聞いた。

「Tシャツブラ」はTシャツを着るときに、外から見ても下着の形状を目立たせず、また軽快にすっきり着こなせるようにフィット感を増した素材やデザインを重視した新感覚の夏用ブラだ。前身となるシンプルなタイプの商品が、時流に乗ってだんだん売り上げを伸ばすなかで、夏のメイン商品として出すことに決まった。名前もズバリ「Tシャツブラ」と銘打って展開。これが予想どおり大ヒット、トリンプの業績に大きく貢献した。

商品のアイデアは、毎週火曜日に行う開発会議と木曜日のアイデア会議で練られたという。


毎週、開発会議がありまして、私たち企画の人間と開発の人間が一緒に行っています。社長は最近、出席してはいませんけれども、以前は必ず顔を出して、企画に関してはその段階ではいろいろな話をしました。それがもちろん開発のヒントになったものもあります。

MS会議は〝決める〟会議だが、部門レベルの企画会議はアイデアを出し合う会議だ。トリンプは、そこでも自由な構成でアイデアが練られていく。吉越社長も社内のいろんな会議に顔を出す。当初から商品企画には、ことのほか思い入れが強かった。

しかし、Tシャツブラの場合、吉越社長はそれほど深くタッチしてはいない。あくまで戸所ら商品企画チームの成果だ。

開発会議で商品化の話が決まると、営業との会議がある。営業が提案を認めれば、新商品の誕生だ。新商品のテーマは、MS会議にまで上がらない場合が多い。

会議の場は戦場

吉越社長はお得意先からの情報や店舗、アドバイザーさんとの対話などから様々な情報を持っているので、そういう意見を吸い上げた中で、おかしいと判断するものがあったらすぐこちらに質問するわけです。それに対して納得できないと徹底した議論になります。

戸所も決して社長のいいなりになるわけではない。きちんとしたデータやマーケティング分析の結果を示しながら、会議の場で堂々と反論する。

最近では、ブラジャーの前止めをつけるか、つけないかで吉越社長と何回かの論争があった。前で止める商品にこだわったのは戸所。「後ろで止める商品に変更すべき」と主張する吉越社長との間でMS会議を舞台に長く論争が続いた。

確かに突然、フロントホックの商品を作ったり、やめたりしていたんですね。それで売れ行きが悪くてどうするんだ、と。ずっとやり取りを続けました。

フロントホックについての明確な商品政策が欠けていたのは認めるが、戸所は商品自体のニーズがまだ衰えていないという意見だった。

吉越社長は、フロントホックを愛用する顧客の囲い込みはすでにできていて、新規の囲い込みは難しいからやめようという意見だった。双方相譲らずの状態のまま、結局、吉越社長の「私が責任を持つ」という一言で、後ろ止めのブラジャーの全面的な採用が決まった。

しかし、戸所はあきらめない。また、折を見て、企画案を出そうと考えている。実際、決定は覆る場合もあれば、流行の変化で逆戻りするケースもある。

戸所は商品開発のプロとして自分の立場で言うべきことは言う。それが使命だと考える。吉越社長は企業経営の観点から自分の主張を通す。会議は経営トップと社員のプロ意識がぶつかる戦場でもある。最後は、自分が折れる場合が多いが、その過程はいつも緊迫感に包まれている。

デッドラインは容赦しない

期日が決まっているっていうのは仕事がやりやすいんですが、やっぱり気持ち的には先送りにしたいじゃないですか。目先にたまってる仕事もありますから。ただそれも一週間以上は延ばせないんですね。一週間以上延びる場合はスケジュールを出しなさいと。具体的に出せる場合もありますし、例えば、いろんな相手先との共同研究で、「いつまでに」っていう期日がなかなか出せない場合がありますよね。それは難しいですね。そういうのは素直に「すみません。間に合いませんでした」って言うと、また、期日を決められるんです。

ＭＳ会議のデッドラインは絶対的だ。会議では、公の場で社員が「いつまでにやります」と宣言しているわけだから、経営トップも容赦ない。もしデッドラインを守れなければ罰金として一万円が科せられるときもある。まさに「時は金なり」だ。

毎日の会議で毎回、デッドラインが決まる。毎日、新しいテーマが課せられる。しかも、企画の仕事も山積みだ。戸所はいかにそのテーマを処理しているのだろうか。

本当に、すごいですよ。走りまわってます。なんとかしなければならないんですよ。デッドラインで死んじゃいますから。こなすべくやる。本質的にまわるようにする。

戸所は日々の仕事をこのように語る。デッドラインがあることで、仕事の先送りはない。いま置かれた状況の中で精一杯、片づけていくしかない。

しかし、戸所は、入社以来、この会議の進め方とデッドラインに慣れている。MS会議への出席は、管理職になってから、この四～五年である。それ以前には専門的な話のときに出る程度だった。だが、会議後、上司から同様にデッドラインを決められて仕事に励んだ。

デッドラインは明確です。すべてリアルスケジュールで、何月何日っていう日まで決められたデッドラインが一年先まであります。

MS会議だけでなく、会社の隅々まで、このデッドライン方式は染みわたっていると戸所は言う。新卒で入社した社員は、このような環境に慣れている。戸所もこれが当然と受け止めている。一方、この方式に慣れるまで苦労するのが中途入社の人たちだ。

最初はやっぱり、デッドラインという意識はあっても、大丈夫じゃないかっていう頭があるらしいんですね。これは本当に絶対、守らなければならない日にちだっていうのは、しつこく言って理解してもらいます。最初はその日づけの重要性をそれほど認識していない。締め切りっていう感じで受け取られるものですから……。

戸所は中途入社組の意識をこう見る。そのような時期を乗り越えた人は、トリンプの社員として定着し、順応できない人は、退職せざるを得ない。「デッドラインを守る」のは、経営の根幹だからだ。

ゲーム感覚で会議に挑む

トリンプという会社は飽きないんです。常にいろいろな事件が勃発して、それは大変なんですが、ルーチンワークじゃなくて毎日いろんなことが起こって、それが良くなっていく方向に会社が動いていくので、すごく将来が明るい感じがします。

「トリンプで働くのが面白い」と戸所が語るゆえんだ。

面白さの背景には、デッドラインに加えて、経営の〝スピード〟がある。次々にデッドラインが定まって、スピーディに物事が処理されるので、毎日のように新鮮な出来事が生まれる。トップダウンによる判断がすぐになされて、物事が実行される。悪いところはすぐに改善される。次第に目に見えて、周りが良くなっていくのがわかる。業績はもちろんのこと、将来が明るい気がしてくる。

前向きな姿勢が会社にあって、停滞しない。言ってもムダだって、あきらめムードもない。だから生涯ここにいたいなと思うのかもしれませんね。

戸所は、トリンプの前進する姿勢が好きだと言う。MS会議はゲーム感覚でもある。

吉越社長は厳しく言いながら、いろんなヒントをくれるんですよ。それをうまく拾い集めてやるっていうことはあります。次回の答えの参考にして、調べてまとめていく。でも、これがヒントだとは言わない。言い回しの癖や特徴をよくつかみながら対応しないと回答は出せません。このあたりは非常にゲーム的だと感じます。

ただし、相手の心理を読めばうまくいくとも限らない。真意とヒントは違うし、まったく逆方向に答えを出してしまうときもある。

相手の真意や意図を読みすぎてもうまくはいかない。変によく見せようとかその場をしのごうと考えてもダメ、化けの皮はすぐはがれる。自然体で自分の信じるところを正直にぶつけていかないと、発言にも迫力が生まれない。追い詰められたときに白旗を揚げるタイミングも難しい。できないもの、不可能なものもあり、最初から「できません」と言うのは楽だが、それでは、こちらのプロ意識が許さない。やれるところまでやって、白旗を揚げる。反論するなら、とことん調べて意見を言う。それが戸所のスタイルだ。

ゲームは決して単純ではない。心理ゲームや推理ゲームの要素もあれば格闘技であったりテレビゲームのように目まぐるしく敵が変化したりもする。勝ち負けがつくときもあれば、引き分けもある。しかし、それを楽しむ気持ちや余裕がないと長続きはしない。

戸所は、あくまで自分らしく、堂々と、この逃げ場のないゲームに挑戦したいと考えている。

■証言2　高瀬厚三　東京直営店営業部　部長（八〇年四月入社）

「現場の問題点を社長自ら指摘してくれるから対応が速くなった」

営業部門を代表する形で東京直営店営業部の高瀬厚三部長にトリンプの経営や会議について聞いた。入社二三年の四五歳、営業一筋のベテランである。

高瀬は、トリンプの展開する直営店の東京地区担当の責任者。いつも笑顔を絶やさない表情には、営業マンとしての長年の経験から滲み出る独特の味がある。実直な性格と持ち前のユーモアのセンスで誰からも愛される人気の管理職である。

会議の準備は周到に

高瀬の一日は、誰よりも朝が早い。

月曜日は我々の売り上げを集計する日です。要はMSが始まる前までに前週の一週間、土日の数字の良し悪しを把握して原因分析と対策を講じるため、七時半には出社します。

トリンプでは、月曜日の朝に、日曜日までの一週間の売り上げを検証する。全直営店の売り上げが前年比を超えるか超えないかが大きなポイントだ。直営店の数字がちょっと悪いとすぐ突っ込まれる。

会議の前に、全国の店舗の数字をパーッと見るのです。営業管理が部門別の数字を出しますので全体像はいいのですが、問題は個別の中味ですよね。「なんで悪いんだ」「どこがどうなんだ」っていうのは当然、質問されます。どこどこの店とか急に言われたときでも「いくつですよ」と答えなければいけない。その準備を会議前に行うわけです。そのときに「調べていません」と言うと、お叱りの言葉が容赦なく飛んできます。

吉越社長は、全体の結果だけでは満足しない。地域や個店の情報を重要視する。責任者も各店の収支状況を一週間単位で細かく把握しなければならない。売上高の変化については、理由を調べ、現場の情報もつかみ、何が原因かを明確にする必要がある。

宿題をもらったら、それに対してどういうデータを取るのかっていうのは、各部長、各課の仕事で、今日中とかじゃなくて何時までという形で出させます。結局、次に出したときに指摘されるっていうのは、だいたいギリギリで出されたものに対して手を加えていないか、把握していないから、「なんだこれは」ってことになるので、やっぱり早め早めに出させてチェックしていかないといけないですね。

トップからのデッドラインの指示よりも早めに部下にデッドラインを与える。高瀬は、会議前に余裕をもってチェックするのが大切だという。

会議後の午前中はそのような情報収集に時間を使う。ただし、全国レベルでの撤退とか、利益率の問題で店舗別にどう対策を打つかというテーマは調整も必要なので、その日に片づかないこともある。

午後は、部内の問題点などがあれば、それのチェックと、あとはその月の数字の対策とか、前週まではどうか、来月はどうするのか、といったことを常に考えていますね。

高瀬の仕事はMS会議を中心に回っている。日頃の営業活動の是非を最終的に問われるのがMS会議であり、その指示は部門の会議に引き継がれて、営業マンの日々の行動計画に落とし込まれる。この一連の流れはスムーズで機動的だ。MS会議と部門が絶えずレスポンスとアンサー、クエスチョンを繰り返す。

会議は毎週、月曜日にうちの事業部長の会議があるんですよ。まったくＭＳ会議と同じパターンで、ブレイクダウンされたものをチェックしていくというのがありまして、火曜日は午前中に全国の直営店のテレビ会議がありまして、午後はアモミーティングという商品化とマーケティング運営の会議があって、これには吉越も時々出ます。

時と場合に応じて、吉越社長が直接、部門の会議に乗り出す。

道化役、叱られ役

高瀬は、味わいのある表情と機転の利いたユーモアを連発する会議の道化役。そして、打たれ強い。トップの指示を正面から受け止めて、間違いは認める、悪いところは正す、言うべき点ははっきりと言う姿勢を貫く。

キャラでしょうかね。吉越社長は、社歴が長い分だけ私には言いやすいのかもしれません。結構へこんでるんですけど……。

と笑顔で語る高瀬だが、社長からは絶大なる信頼を受けているようだ。とにかく高瀬への指示命令には遠慮がない。直接関係のないテーマでもたまたま会議中に目が合っただけで「おまえ、やっとけ」と、振られることもある。信頼感があって、粘り強いから、助っ人を要請されるわけだ。

そんな高瀬が部下を連れて会議に出席するときもある。

部下がいるから、社長はちょっと遠慮して怒るということはまずないです。でも、上司が怒られるというのは、部下が怒られているようなものです。共通認識を持てるから、僕としてはそのほうがいい。最近は「週の半分は最低でも出ろ」と言っています。若いうちに会議に出ていたほうがためになりますし、私はリフレッシュ休暇で二週間休みますから、そのときに急に出て面食らってもまずいですしね。

部下の前で怒鳴られるのは、むしろ部下のためになる。高瀬は喜んで叱られ役をかって出る。

高瀬も若い頃から、ＭＳ会議には参加した。上司のリフレッシュ休暇の際には、自分が責任を持って課題をこなしてきたという。

変わらぬ緊張感

ＭＳ会議が始まる前から、会社を見てきて、ＭＳ会議にもずっと参加している高瀬だが、会議が会社の経営に果たした役割をひとりの社員としてどのように見ているかを聞いてみた。

そりゃぁ最初は、私なんか出てないですからよくわからないですけれど、昔の会議は部長さんたちだけで、週に一回しかなかったですし、デッドラインにもうるさくなかった。毎朝、言われるっていうところで、やっぱり変化はありますよね。現場の問題点を社長自らが指摘してくれるというところで、やっぱりみんな対応が速くなってきた。

会社の経営スピードの変化が肌で感じられるようになったと高瀬は言う。ＭＳ会議は当初、内勤が対象で、体制が整ってから営業も加わった。

かつての高瀬にとって経営方針が変わっても仕事が忙しくなったり、書類を出す回数が増えた程度。直接的な影響は少なかったし、若かったから柔軟に対応できた。

管理職は大変だったでしょうね。かなり大きいエリアを持ってましたから、どこどこの店がどうのこうのと言われても、大型店はもちろん知ってはいるでしょうけど、すべての店を把握できるものじゃないですよね。たぶん何が起こっているのか、わからなくて大変だったと思います。

そうこうするうちにテレビ会議が導入されて、対象は全国の営業部や物流センターに広まった。

名古屋営業部に勤務していたときは、テレビ会議で参加しました。テレビ会議だと臨場感がないから「おまえら怒られても感じないだろう」なんてよく言われてたんですけど、ちゃんと真剣には聞いてるんですよ。ただ、やっぱり画面とかが見えなくて、急に「名古屋」とか呼ばれると、やっぱりドキドキします。「名古屋の次はどんな言葉なの?」と。「名古屋、これ」っていきなり言われたときに、結構あせるので、やっぱり僕は本社の会議室にいるよりも、テレビのほうが緊張してましたね。本社だと次に何かがあるって予測がいちおうできるし、間をおいてもそんなに違和感はないんですが、テレビで間をおくと会議の場がもたないので、すぐ返事しなければいけないですね。あの画面切替スイッチ、結構、緊張するんです。オーッて感じで、本当に。

地方ではテレビを見るように傍観者的な立場でいられるように見えるが、現実は余計に緊張感があるようだ。高瀬は地方出張の折に、テレビ会議で居場所を探される羽目になった経験もある。「朝の八時半だと店舗も開いていないので、仕事をしていないと疑われて大変でした」と思わぬ被害を告白してくれた。
トリンプではテレビ会議を一〇〇％活用している。リアルタイムの全員参加経営を実現する上で、なくてはならないツールである。
あるとき、会議中にあくびをしていた部長がテレビに映り、「あくびするくらい暇ならこれやって」と仕事を課せられたという逸話もある。毎日のＭＳ会議は決して惰性にはならない。緊張感は会議が発足して以来、変わることはない。

毎日出ていれば別ですけど、若い人間が出たらやっぱり緊張してますよね。たまたま社長と目が合っちゃって、聞かれたときには結構大変だろうと思いますね。

緊張感が継続する理由は巧みな議事運営テクニックと緊張しなければ進行についていけないスピード、いつ何時、矢が飛んでくるかもしれない場の雰囲気があるからだろう。

スピードと反復、継続の効用

会議が毎日開催されることの意味について聞いてみた。

意味は大いにありますね。毎日、言われることで、トップの関心度や意識が刻々と変わるのがわかる。注意される度合いによって、本当にこれは大変かどうかということがわかるわけです。すると我々も部下に言うトーンが変わってきますからね。これは週一回の会議では伝わりませんからね。それにデッドラインが、次の日になるのと、一週間後になるのとでは、だいぶ変わってきます。

毎日の会議と週一回の会議では、経営のスピードが、単純に休日を除いても五倍違う。テーマの処理スピードに格段の違いが出るわけだ。

スピード面では役員が全員出てますから、決裁は非常に速いですよね。今日もたまたま百貨店のアドバイザー（店舗販売員）が、平塚市の七夕キャンペーンガールに選ばれたんですが、普通はアルバイトは認められないですよね。でも、吉越が「出していいんじゃない」って終わっちゃいますからね。普通の企業だったら、人事がどうのこうのとか言いますよね。うちの場合は、スピードと反復でね。その繰り返し。

トップが毎日、意思決定して、デッドラインを設け、達成するまで〝繰り返し〟フォローする。その反復に効果があると高瀬は言う。

一日四〇テーマが決まるとして、年間二〇〇回の会議開催とすれば、八〇〇〇回の意思決定が行われる勘定になる。これがトリンプの原動力であり、反復によって、確実性が増す仕組みになっている。

変容しながら掘り下げられるテーマ

高瀬は定例報告するテーマも持っている。週あたりで五つ。プロパー（定価販売品）とバーゲン商品の全国的な構成比、じゅう器の効果の定例報告、直営店の坪単価売上報告などである。

定例報告は、一定期間続き、ある程度、状況が改善したら完了という格好で終わるケースが多い。ここで注目されるのは、MS会議では「ただ報告して終わり」という形にならない点だ。定例報告をベースに様々な切り口で問題点を新しく見出す、もしくは新しい発想や行動基準を生み出すなどの展開をみせる。

テーマを調査したら、それを検証して応用まで持っていく姿勢は吉越流と言える。

昔は考えただけで終わりなわけですよ。それ以上は突っ込まない。だけどいまは、毎朝突っ込まれる。検証までして結論を出せと。せっかく調査して報告までしたのだから、それをほかで使うの？今後我々として運用していくの？　しないの？　というところまで掘り下げていくんですよ。

ひとつの質問に対して単純な回答をしても、吉越社長は満足しない。高瀬も、社長の気持ちはわかるので、ついそのテーマに関して、要求以上のレベルの話題までもっていく。すると「待ってました」とばかりに新たな宿題が追加される。

吉越の「もの足りないな」という表情を見ちゃうと、また考えちゃうんですよね。そうすると余計なことを言って突っ込まれちゃう。それで宿題が増えちゃうんです。アドバイスされる部分もありますからね。全然考え方が違うとか、方向性が違うとか、こういう部分をもっと考えろとか。そんな形で導いてもらえるのは事実です。それは我々も勉強になるし、やっぱり営業だけの考え方と全然違うことを言われるじゃないですか。そんな見方もあるな。でもイヤだな、いやらしいなと思いながらも(笑)。そこはやっぱり我々としては本当に大きいアドバイスです。

定例報告をしていたバーゲン構成比も当初は五〇〜六〇%あったのが、報告のたびに構成比が下がって一〇%台まで落とした。そんなに落としていいのかと悩んだが、結局それでも売り上げが落ちていないという事実を前に、高瀬はあらためて定例報告のテーマを振り返って考え直す。

いつの間にかAでやってたものがA'になる。それがBになっても、全員がその推移を見ているので、不自然ではなくて、大きな改革が進んでいく。最終的にはそれが正しい形に落ち着いていく。そういう変化がどんどん起きてきて、定例報告の主旨が変わる場合もあり、逆に定例で報告して、ある程度落ち着いたら、もうそれは報告の対象から外れることもある。

最近の例では、高瀬が担当する直営店で扱うA社製品のストッキングがそうだ。冬と夏でストッキングの売れる構成比は全く変わる。毎週、最初にその報告をしていた。当初は単純に構成比を報告していたのが、そのうちに「なんでこれをやってるの？　ただ構成比を報告しても意味ないじゃない」という話になって、「じゃあ何を目標にしてるの？」「A社との取引で一番になるというのが本当の目標だ」と徐々に目的が変わった。経営の基本を押さえた定例報告から出発して、報告を繰り返す中で、経営の本質に迫り、問題解決にポイントが移っていく。これがMS会議でトップと社員が議論を交わす大きな意義のひとつである。

速すぎて世の中が追いつかない

MS会議は、世の中の動きより速く動く。そんなエピソードを高瀬が披露してくれた。

お店で役に立つ入店客数システムとか、金融機関の新しいサービスなどがあると、吉越は自分で新聞や雑誌からネタを探して、すぐに調べて報告するように指示するわけです。だいたい期限が一週間だとすると、それまでに先方の担当者にアポイントをとって、会ったうえで説明を聞き、その報告をしなければなりませんが、そういうニュースはまだ世の中に出たばかりで、詳細がつかめないこともある。相手も準備されてなかったりというケースもあって、こちらのスピードが速すぎて、デッドラインに間に合わないときがありましてね。それはつらいです。

社員にとっても、自分で解決できるテーマはいいが、他社が絡むと相手のペースでしか動けない場合もある。時々、業界の記者よりも情報通になってしまうという事態も生じる。

超スピード経営のトリンプではあるが、管理職は年に一度、二週間のリフレッシュ休暇が与えられる。嫌でもこの休みは取らないといけない。取らなければ、翌年から取れなくなるほど強制的な休みだ。

一番最初に取ったときは大変でしたよ。お金もないし、旅行にも行かず自宅で過ごしていて、ご近所の人から「会社、どうされたんですか?」と心配されましたね。

さすがに忙しく働いている最中の二週間の休暇は長い。しかし、仕事感は鈍らないと高瀬は胸を張る。

■証言3　堀部真奈美　マーケティング本部　営業企画課　課長（〇三年五月入社）

「前の会社と違ってプレゼンの準備は楽ですが……」

堀部は中途採用で数カ月前に入社したばかりだ。「まだ右も左もわからない」と言いながら、会議では粘り強く存在感を放つ。以前は大手外食チェーンで同様のマーケティングプロモーション関係の仕事に就いていた。堀部に以前の会社と比較したトリンプの経営について聞いてみた。

転職の前と後

ここはすごくスピードが速いですね。いろんな物事が決まっていく速度がとにかく違います。以前の会社もトップダウンという意味では似ておりましたが、課題を与えるときに吉越社長はデッドラインを明確に決めていく。以前の会社ではもっと大まかにデッドラインを決めていましたので、そこが一番大きな違いですね。吉越社長は細かいパーツに落として、ひとつひとつにデッドラインを引く。仕事をする側にとってみると一見きつく思えるんですけど、こなしていくと最後までいきつけるから、実は楽ですね。

堀部はきめ細かいテーマのブレイクダウンとフォローを指摘し、さらにこうつけ加えた。

自分がビジョンさえ持っていれば、道に迷わずにすむ。ビジョンを持たずにただ言われたことだけをやっていくと、間違えてしまうこともありますが、自分にビジョンさえあれば、吉越社長のやり方はすごくやりやすいと思います。私はもともと女性向けの商品のマーケティングをしたいという希望があったんです。食品は自分自身が心から好きになれるものではなかったので、自分が好きなもののマーケティングができたら、一番楽しいだろうと新しい場を求めていたらトリンプに出会った。下着はとても好きで、お客様にコミュニケーションしやすいだろうなと思って入りました。

堀部のいるマーケティング本部営業企画課は広告宣伝を全般的に扱う。店頭のキャンペーンのものから、マス媒体を使った広告まで、宣伝に関する全般を扱う。

堀部が入社する以前は、一〇年以上勤務していたベテラン男性が同じ仕事を担当していた。堀部の部署は、前任者が退職してから二年近く管理職の不在が続いていたが、堀部の入社で部署の雰囲気も活気が出てきていると周囲の管理職も認める。

転職後の順応度について、聞いてみた。

最初は、まず業界も違いますから、ＭＳ会議で用いられている言葉がわかりません。何が議論になっているかさえも理解できないような状況でした。そういう意味でも慣れるまでには時間もかかりましたね。

吉越社長の堀部に対する配慮もまたきめ細かい。ＭＳ会議の資料にはあらかじめテーマの隣りに堀部の名前が書いてあったという。名前を間違えずに呼ぶための配慮だった。それほど期待されての入社だったに違いない。

以前の会社は予算規模は大きかったが、自分の責任範囲は小さかった。いまは、自分がすべてにわたって責任を持つという意味でやりがいもあるし、楽しい。ひとまず転職は成功だ。

ローテク重視のＭＳ会議

毎朝のＭＳ会議でも常連メンバーとなり、発言の機会も最低一度は与えられる。あらかじめテーマが決まっていないときでも、不意に発言を求められる場合も多い。緊張感はあるが、その場その場で明確に発言するよう心がけている。

正確な回答が用意できなくても、「この日までにお答えします」であったり、「この日までに提案します」ということを、その場で即答できるようにしています。

長く会議に出ている人でも、突然質問されると、しどろもどろする場合も多いが、堀部はわかっていても、わからなくとも不明瞭な答え方はしない。それが、MS会議でも重要な点であると理解している。やはり、MS会議が他社の会議ともっとも違うのは、毎日開催されるところだ。

ああいう感じのピリピリした状況の会議っていうのは経験しておりましたので、それとはほぼ一緒です。ただ、毎朝ではなかったです。毎朝だと結構きついですね。

月一回でやってきたペースが突然、毎朝になった。その意味では、まだ堀部も慣れるまではもう少し時間がかかりそうだ。

特に堀部が以前の会社との違いを指摘するのは、会議のスタイルだ。以前の会社ではあらかじめ議題と発言者が決まっていた。テーマの発表者は「パワーポイント」などのプレゼンテーションソフトを使って、持ち時間内で発表した後、トップが質問したり、関連部署の人間が意見を求められた。

吉越社長はＭＳ会議にプレゼンテーションソフトを使わない理由として、発表者がプレゼンテーションに時間を使ってしまったり、プレゼンテーション自体が目的になってしまう傾向があること、発言者とタイミングのよいやりとりや指示ができにくいことなどを挙げている。

あまりにもプレゼンがないので、ちょっと楽かなとは思いました。準備が楽なんです。その分、会議中は発言が大変ですが……。

吉越流はローテクの「手書き」。体裁を整えるよりもスピードを大事にするので、手書きが一番速いという考えだ。小さい字で書くとテレビ会議で地方の参加者が見えないので、大きく書くように言われる。それをカメラで映すだけなので発言者の手間は大幅に減る。

プレゼンテーションソフトで長々と説明する時間、その準備のために何日も費やす時間を、吉越社長は良しとしない。

前の会社では、画面のレイアウトが悪いとか、言葉の使い方がなっていないとか、そのような意見が出る場合もありましたが、そんなの無意味ですよね。

堀部はプレゼンテーションにこだわる会議から解放されたいま、かつての会議をこう振り返る。きれいな資料といかにも立派そうなプレゼンテーションほど肝心の内容が薄いことは珍しくない。ＭＳ会議のＯＨＰ方式は、会議のあり方に疑問を提起するスタイルでもある。

ライフスタイルが変わった！

堀部がトリンプに来て劇的に変わったことはまだある。生活面で大きく影響したのは、「ノー残業」の習慣だ。以前の会社では午後一一時、一二時までの残業が当たり前だった。会社の規模はトリンプのほうが小さい。使う予算も一ケタ違う。予算のコントロールという意味では苦労もある。

業務時間を考えると、いまのほうがハードですね。一応、毎日ノー残業ですので、その分すごく凝縮されてるという意味です。以前の場合、勤務時間的には長くて大変に思えるのですけど、じゃあ昼間どうしてたかというと、意外とコーヒーを飲んだり、おしゃべりはしていましたから。いまはそんなことをやっていたら仕事は終わらないという意味で、ハードさが違うと思います。

夜は必ず空いているので、いまはすごく生活にメリハリができましたね。たいがい、夜は飲みに行っちゃうんですけどね（笑）。充実できて、残業しているよりはいいと思います。

堀部は、毎日、午後六持半には退社する。

ドラマとか見るようになってしまって。いままでテレビなんて見なかったんですよ、見る暇がなくて。でもたまに早く帰ったらドラマを見るし、生活が変わりました。何かちょっと勉強してみようかなっていう気にもなるし。それが一番ですね、やっぱり。

サマータイムのような感覚で、ゆとりのある生活が過ごせる。確かに六時半までに仕事を終えるのは辛いけれども、このスタイルのほうがずっといい。

女性からみた経営者としての吉越社長

怒るべきところはきっちり怒るけど、その怒り方に優しさがある。

堀部の吉越社長評だ。女性管理職の吉越社長への評価は、女性には比較的優しい部分があるというのと、「ねちねちしないでパッと忘れる」。つまり一回の案件ずつ、当人への対応をリセットして、誉めるときは誉める。叱るときは叱るというけじめのある態度をとるという点だ。

個人の人格や人間性を否定したり、一方的に決めつけて、感情的なしこりを残すような態度をとらないという評も共通している。

もちろん、社員は社長から理屈で攻められ、自分の意見が粉砕される悔しい体験には事欠かない。それは女性だからといってもまったく容赦はない。理にかなっていれば、不思議と納得できるのだが、たまに割り切れない思いもする。しかし、そのやりとりは参加者全員にオープンな場、ＭＳ会議で行われる。みんなが一緒にやりとりを評価するし、助け舟が出されるときもある。オープンな場で言いたいことをトップと言い合える。それも納得のいく会議システムを形成する大きな要因だ。

■証言4　渡辺尚有　Eビジネス推進室　室長（九八年四月入社）

「若い世代は自分の意見を持って戦うことが多いです」

渡辺は入社六年目の二九歳、二六歳のときに若手から管理職に抜擢されたひとり。九人のメンバーから成るEビジネス事業を率いて、新規マーケットの創造に意欲を燃やしている。あごひげに短髪、お洒落な着こなしのスーツがいかにも若者らしい。

表情に笑みを絶やさず、質問の答え方も愛嬌よくテキパキとそつがない。アパレルの世界、中でも色彩に興味があって応募したが、入社した最初の配属がIT（情報システム）部門だったという。渡辺に若手から見たMS会議について聞いた。

MS会議こそ情報共有の場

何よりもあのMS会議というのは、本当にコミュニケーション重視ですよね。コミュニケーションが全部明確で、非常にシンプル。日本人っていろいろ言い回しをしたがるじゃないですか。それが、

ＭＳは全部結論から言わなきゃいけなくて、ごたごたわけのわからないこと、理屈をこねることは許されないわけですよね。究極のコミュニケーションでしょうね。だからそこのところは、すべて会議の中で済ませる。もちろん、反面、やっぱり細かいことを伝えきれないというデメリットはあるんですが、例えばトリンプみたいにすべてトップダウンで動いている会社には、一番効率よく回る方法なんでしょうね。

開口一番、渡辺は、ＭＳ会議はコミュニケーションの場だと言い放った。

私にとって一番の収穫は、やっぱり他部門の事情がわかるところ。情報の共有化という部分では、各部門長が全員集まっていて、他部門の事情ですとか、会社の方針というのがすべて明確になります。そこで得た情報を今度は自部門のスタッフに落とし込むという形になります。

情報の共有化はこの会議で図れば一番効率的だ。毎日刻々と変化する情報が手に入る。

次に、毎日、会議を開催する意義をたずねてみた。

感情的にはやりたくないと（笑）。ただやっぱり日々の業務に役立つ部分というのは多いので、個人的な感情で、もうしんどいなと思うことはもちろんあるんですけど、続けていったほうが全体としてはプラスですよね。

かくいう渡辺は遅刻の常習犯。昨年のMS忘年会では、遅刻で表彰されている。参加メンバーのうち遅刻回数が一番多い。会議は八時半から始まるが、いつも八時四五分ぐらいに来る。Eビジネスの話は、結構重要なテーマが多いので、会議の冒頭で話題になるケースが多いが、肝心の発表するときにいなくて、いつの間にか席にいる。

いちおう、参加の義務はあるんですけど、それほど強制力があるわけではない。それで私は自由でいいなと思っていまして、発表しなきゃいけないときは遅れないようにはしますが、そこまで重要視してなかった。いまはもちろん重要視して遅刻しないようにしています。自分たちの下の人間にも影響を与えてしまいますし、だんだんと会社の中でEビジネスが認知されるようになってきましたので、事情が変わりました。

吉越社長からは、MS会議はいわばパフォーマンスの場であり、自分の部門を有利な方向に動かしていったり、自分たちで上げた功績を発表する場であったり、自分たちの失敗情報を共有化する場なので、必要なときにいないのはまずいと厳しく叱られたという。

所属する部署の上司が出ているので、安心していた面もあるが、いつの間にかEビジネスの責任者として、発言する立場になっていた。その自覚が少々遅れたということだ。


やっぱりそこで発言することによって、仕事がやりやすくなるというところ、そういうメリットはあったんですよね。最初は全然それが見出せなかったのです。


参加して発言する意義は、自分の仕事や部署のためでもある。その意味を理解して、モチベーションがわいてからは、会議のメンバーとしての自覚もできた。

若手ほど、参加の理由を理解するまでには時間がかかる。いきなり「出ろ」と言われても、部長以上が出ている会議で、給料の安い人間に何を期待するのかとの反発心もわく。若手が本当に必要だと感じるまでには距離があるのだ。

だが、トップは若手の意見を聞きたいし、有望な人間は教育の場として早くから、もまれたほうがいいという発想も見え隠れする。職責の問題で強制ではないが、吉越社長は自発的に問題意識を持つ若手の参加者が増えることを願っている。

渡辺などが参加するようになって、若手の出席者も増えている。渡辺や広報室の信田ら二〇代の管理職が若手パワーの先導役になった。

新規ビジネスのネタが次々に降ってくる

Eビジネスは二〇〇二年度の実績で売上高一億二〇〇〇万円、〇三年の見込みで二億円程度とトリンプの事業の中でも成長分野である。純利益率も一三%と高い。

「会社の大きなバックアップがあるっていうのも、非常に大きいです」と、渡辺は謙遜しながら答える。Eビジネスの立ち上げの際に渡辺は自分で立候補し、事業を拡大してきた。入社三年目のことだ。抜擢されて期待に応え、順調に売り上げを伸ばした。二〇～三〇代の主婦層を中心にトリンプ製品のネット購買が膨らんでいる。

Eビジネス関連では吉越社長から、突拍子もない注文を受けることもある。

MS会議で一番多いのが、吉越が思いつきでパッと「こんなことやったらおもしろいんじゃないか」っていう大きなテーマを与えられることです。それを具体化して、何月何日までに何を、誰とやるっていうところまで落とし込んで、青写真まで描くという仕事が一番多いですね。今回のネクタイなんかもそうですよ。「ネクタイをインターネットで面白く売れ」と一言。「面白く」って言われても、みたいな……。

吉越社長はネクタイをインターネットで面白く売る方法のアイデアを渡辺に求める。そこで渡辺が考えたのが、キャンペーンガールの自宅お届けつきオークションだ。

会議での議論は長かったですね。結局、「トリンプのキャンペーンガールがご自宅までネクタイを届けに行きますよ」っていうインターネット・オークションをやったんですよ。それをやったらなんと一五万二〇〇〇円まで上がったんですよ。

一本七〇〇〇円のネクタイが一五万二〇〇〇円まで、値上がりした。もちろん利益よりも話題提供のための企画ではあるが、Eビジネスならではのネットオークションで効果は絶大。一〇〇本のネクタイも瞬く間に完売した。

マーケティングの仕事は比較的、道筋を与えてもらって、それに従って、例えば一を与えられたとしたらそれを一〇にする仕事なんですが、Eビジネスっていうのは、ゼロ与えられて一にする仕事なんですよね。

渡辺はアイデア企画の難しさをそう表現する。

利益責任を持たされているにもかかわらず、最初は利益が出なくとも面白ければいいだろうって言われながら、最後の年末でやっぱりP／Lを追いかけられるというこの矛盾が非常に厳しいですね。

苦笑する渡辺だが、Eビジネスの業績はうなぎ上りで、〇五年には年商五億円規模にという期待もかかっている。

挑戦するのが若者の意地

若者としてトップマネジメントに挑む姿勢について聞いた。

割と若い世代というのは、ちゃんと自分の意見を持って戦うパターンが多いんですね。

若手にとっては訓練の場だという割り切りがある。ことを荒立てるのを避けようという気持ちよりも、自分たちなりに考えを持って、武装して戦う。間違っていると思えば、それが通る場合もあるし、通らないことがあっても、次につながるので、お互いにそんなに不快ではないと思う。
ただ、第三者から見ると、例えば吉越が犬をちゃかして遊んでて、こっちがかみついたとしたら、パシーンとはたかれるようなものでしょうね。

渡辺はその場を客観的に表現した。
しかし、若者側がたまに一本とるときもある。心の中で「勝った」と小さく喝采する程度ではあるが、自分の意見がトップの反論を一瞬でもたじろがせる局面もあるのだ。その気持ちよさが味わいたいがために、会議前は万全の準備をして臨む。

事前にこうきたらこうと、全部、数字を考えていく、いろいろな場合を考えて、こう言われたらこう言うというパターンをいくとおりも用意し、発表するときでも隠し資料を持参する。出さなくていいんだけど、もしこうきたらこの資料を出すと。隠し球を持っていくのです。

このような武装力は、何度もボロボロになりながら身につけたという。
しかし、それ以上に相手は手強い。心の中の喝采も、ひょっとして相手が妥協しているのかもしれない。自分たちはまだ子犬だけれども、相手に噛みつかない子犬は、大人になって負け犬になる。いまのうちに何度も挑戦して、それでさらに大きくなっていくほうが若者らしい。その若者の意地が大切だと渡辺は信じている。

とっておきの会議攻略法

吉越が嫌うのはウソですね。ウソは絶対に許されません。それから自信のない発言の仕方も嫌い。発表してるときにごちゃごちゃ資料を出してると、その資料は見ないんですよ。じーっと、声のトーンだけ聞いてるんですよね。で、突っ込めるところだけを探してるんです。だから自信満々で話をしていると、あんまり突っ込まれないです。どんなに正論を言っていても、自信なさげに話すとガーッと突っ込んできます。それから何回か確認することもあるんです。

「本当にそれでいいんですね」って、「はい」、「本当にいいんですね?」「はい」、「本当にいいんですね?」三回ぐらい言われて、三回とも「はい」と言えればもういい。合格ですね。でも本当に自信がないと、「いや、やっぱり」となるじゃないですか。もうそうなるとダメなんですね。

会議のときに吉越社長が嫌うのは〝ウソ〟と〝自信のなさ〟だと渡辺は言い切る。〝ウソ〟や〝自信のなさ〟は裏返せば、自分の弱さや準備不足を隠す行為だ。それを正当化しようとするとさらに態度に自信もなくなる。真剣な経営の場で、この二つの行為は背徳行為にもあたる。吉越社長はそのような行為に目を光らせる。

デッドラインを守らないのは論外です。あの会議に関してはまずデッドラインを守ることと、きちんと正直になんでも話すということです。基本的にごまかしは利かないですよ。その雰囲気を察知するのは早いですね。ガーッとそこで突っ込まれますから。そうすると、もういつの間にか自分のウソはバレますね。それは徹底的に叩かれます。

「約束を守る」「正々堂々とした姿勢を貫く」。これがＭＳ会議の発言の鉄則だ。

出る杭を引き抜く

例えば自分が与えられたアサイメントの仕事があったとしても、トリンプでは、自分が好きでやりたいことに手を出すことは自由なんです。いつの間にかそこの担当者になってしまうのも自由。それが会社レベルの大きなことであっても、ＭＳで承認されればそれはもうＯＫなんですね。だからそこが、吉越にスピードがあると言われるところなのかもしれませんけど。組織図が塗り変わるほどＭＳ会議を軸に日々進化していくんですよ。

ＭＳ会議の場は、最高の意思決定機関である。そこには縦割り組織の弊害も、職域の壁もない。能力とやる気と自分の発言に対する責任感さえあれば、さらに仕事が与えられる。渡辺のＥビジネス推進室長の座がそれを物語っている。

この激しい会議の応酬の中で〝目立つ〟力のある人。吉越社長は、そんな存在感を発揮する人間が現れるのを待っているし、出る杭は引き抜いて、新しいポストを与える。

どんなにできる人でもやっぱり目立たなければ、なかなかよい評価はもらえないですね。

渡辺は評価にも会議の発言は密接に結びついていると見る。

しかし、〝目立つ〟にもいろんなタイプがある。派手なパフォーマンスで会議の注目を集める人はそれでいいし、コツコツと地味にやっていて、存在感を発揮する人でもいい。

この人は地道にこつこつやっていて成功する人間なんだっていうイメージを植えつけてしまえば、

その人はそういう評価をされる。この人は一発屋で成功するかもしれないし、失敗するかもわからないというイメージであれば、別にそれはそれで構わない。

それを会議の場で示すことができるかどうかが大切で、そのための自己表現力が言葉とOHPの手書き資料だ。大きな字でわかりやすく資料をまとめる力、結論を先に述べて要点を整理して簡潔に説明する力——。会議のテンポは速くとも、プレゼンには、わかりやすさが求められる。そうすると、出る杭にますます重要な仕事が集まり始める。

MS会議の天国と地獄

ここの会議が面白いって思える人間は、どんどん成長できるんでしょうけど、逆に不感症になっちゃう人間はもうダメになりますよね。

毎日の会議の中で、惰性で報告し始めると、必ず見抜かれる。そういう発表しかできない人は、吉越も周囲も感じちゃうんです。

トップは課題を与えた人間に何度も変化球のように、これでどうだ、あれはどうだと解決策を示す。

それに対して一回でも打ってくれれば、次につながるが、全部見逃す人は、結局そこで終わってしまう。

吉越から受けた球はあえて言うならば、パトランプみたいなものがついてるような状況です。でもそれを面白いじゃんって前向きにとらえて、会議に出られる人間っていうのはどんどん伸びてきますね。

こういう渡辺もパトカーのランプがついたような〝パトランプ状態〟になったときがある。会議に出始めた頃だ。そこで、捨てられたら壊れたオモチャになってしまうので、とにかく必死だった。

いじられまくりましたね。いじられている人間にとってみれば、その最中は全然気持ちのいいものじゃないんですけど、こうしてやれ、ああしてやれっていう戦略を自分の中で描いて、実際にそれを実践できるので、そういう意味では貴重ですよね。

若手がMS会議に出るようになって、部長たちだけの頃と違って、ずいぶん会議の質も変わった。場の洗礼を受けてショックは受けたが、若者のパワーもまた、会議に何かを与えたと言えるだろう。誰もが必ず経験する〝パトランプ状態〟。試練の場を越えてレギュラー選手として定着するかどうかの分かれ道。そういう意味でMS会議はトリンプ社員の公式試合なのだ。

幹部候補として入社してきた中途採用者がいきなりこの会議に出ると、大概は面食らう。なかには、ついていけずに辞めざるを得ない人も出てくる。

大手アパレルだったり、銀行や金融、メーカーなど、一流企業からトリンプへの転職を希望する者は後を絶たない。しかし、ほかの会社のスピードや常識とトリンプのそれとでは、相当のギャップがあるに違いない。新卒で入社してから、少しずつ試練の場で揉まれてきた人間と違って、中途採用者はいきなりプロの洗礼を受ける。それが当人たちにとってはかなりきついらしい。

毎日のMS会議でトレーニングされた社員と大手企業からの中途入社の者では格段の差がある。それは人間的な資質や能力とは別の意味での経験、習慣上のギャップが大きい。乗り越えていく人もいれば、挫折する人もいる。それを超えるのが若者のようなパワーであり、チャレンジ精神だ。

MS会議は最高に面白い

MS会議は、役員やいろんな部門の管理職の人間がいて、侃々諤々《かんかんがくがく》とやるし、本音も弱みもさらけ出す若い人間もいて、そこが魅力だという。一般的な会議は身近な関係者ばかり、上司と部下がいて日頃、関わりが深い人間同士で行われる。

普段まったく関わらない他部門から寄り集まって、まさに経営が凝縮されたような場。しかも、MS会議には様々な力や作用が働いて、テーマは日々進化し、その中で人間関係も変化する。渡辺は、トップの強いパワーの裏返しで集団内に結束が生じると指摘する。一種の共闘体制だ。

面白いことに、例えば吉越があいう追いかけ方とか、仕事の進め方をすると、逆に吉越以外の下の人間たちの絆が深まっちゃうこともあるのです。吉越は気づいてないかもしれないですけど。あるデッドラインに対して、絶対にもう怒られることはわかっていて、多部門にわたる問題とかで、今回は誰が怒られるか、みたいなやり合いとかもありますし。俺がこう言ったら、次はお前がこう言えとか（笑）。まさにそんな感じです。

場合によっては根回しのように事前に打ち合わせする局面もあれば、その場のあ・うんの呼吸で連携プレーをとることもある。しかし、シナリオどおりにことが運ばないこともしょっちゅうだ。

思いもよらないところからいきなり爆弾が飛んできて、あーっと思っていたら違う人にその爆弾を渡しちゃうときもありますけどね。

逆に思わぬところから援護射撃してもらえる場合もある。社長をほったらかして、部門同士でやり合う場合もある。そんなとき、吉越社長は「面白いじゃん」と高見の見物を決め込む。

様々なエネルギーがぶつかり合って、思わぬ展開になったり、変化したり、その化学反応器の中に当事者として混ざり込んで、新鮮な体験が毎日できる。これが飽きない。

会議は笑いが絶えない。ジョークや息抜きの話ではリラックスして思いっきり笑う。当事者になると身震いするほど緊張する。情報も次々と入るし、日によって天国だったり地獄だったりする。

刺激的で新鮮なMS会議は、やはり吉越社長の経営能力とバイタリティ、演出のセンスに負うところが大きい、とこの若者も認める。自然に劇場空間に引き込まれるような感覚で会議に夢中になれる。吉越社長がいなくなると会議の質は変容するだろうことを誰もが認めている。強烈なリーダーシップがあるからこそ、成り立っている会議ではある。

最後にひとつ質問した。

「吉越さんがいなくなったら、このMS会議、どうなりますか？」

「吉越ワールドで動かしてきたものを、そのまま引き継ぐ形、必ずしもそれが正しいとは思わないです。もしかしたら、また違う方法もあるかもしれないですね。同じ人はふたりとはいませんから」

そんなクールな答えが返ってきた。

第二章

早朝会議革命への道

1　会議とは何か？

単刀直入に「会議とは何か」と、吉越にたずねてみた。

うちの会議は、判断、結論までのプロセスを知ってもらうことが重要な会議と言えます。会議っていうのは教育の場で、習う場にもなる。社員には会議でロジカル・シンキング（論理的思考法）を習ってほしい。

それから情報の共有化とオープンにやること。フェアネスとスピードを実践していくのも非常に重要であると考えています。あと、壁を作らないこと。稚拙でもいいから速くしろってこと。単純で論理的に表現すること。

物事を簡単に、分析解析してルーティン化する。論理的に考え分析するくせをつける。しかも誰でもできるようにするのが大事です。それにはルール作りをする。

「誰が、何を、いつまでに」というデッドラインでチェックを入れる。任せた上でチェックを行って、緊急対策、再発防止をする。この二つに関して常に手を打つわけです。誰でも間違いは起こすので、起こったことはしょうがない。あきらめる。ただし、緊急対策、リカバリー策はすぐに打つ。そして再発防止、二度と同じ間違いを起こさせない。それが会議で必要なことです。

会議とは何かと聞かれて、これだけ多くの意味合いを述べる経営者は少ないだろう。「意思決定の場」であるとか、「情報共有とコミュニケーションの場」などと答えるのが普通で、それ以上の意味合いはなかなか思いつかない。

吉越は論理的かつ、端的に会議の要素を述べる。込められているそれぞれの意味するところは深い。

さらに、トリンプのＭＳ会議は他社の会議と何が違うのかをたずねてみた。

他社の会議というのは〝遠慮〟があるのではないでしょうか。あの人にこんなことを言っちゃまずいとか、いわゆる遠慮のかたまりがそこかしこに感じられるんですよ。でも、うちの会議にはそれが一切ないんですね。ですからストレートにモノが言える。

そもそも会議というのは、ざっくばらんにお互いをぶつけ合って、それで良いものを作っていくのが本来の目的なんです。結局、そこが一番大きなネックになっているのでしょう。要するに、前もって根回しをしておかないと会議にならないわけです。

会議のときには質問するものじゃない。会議のときにはあらかじめ質問できる人が決まっている。そういった状況だと、物事もうまくいかない。うちの会議はその点、非常に実用的で、とにかく上も下もなくて、物事に一丸となって取り組む実践的な会議ですので、具体的に物事が決まっていくわけです。しかも、決められないものは、「誰が、何を、いつまでに」と明確にしていきますので、誰にとってもわかりやすい会議なんです。

よく、「会議ってのは、短くなきゃいけない」と言いますね。うちでは「半日やってても構わないよ」と言っているんです。全部、「誰が、何を、いつまでに」と決めていけば、仕事がどんどん増えちゃうので、参加してる人は大変、もうどうにもこうにもしょうがない。でも、物事を細分化して、それぞれ「誰が、何を、いつまでにやる」と決めて、「問題はこれ」と明確に指摘しておけば、そんなに何時間も会議をする必要はないわけです。

ところが、世の中の会議というのは、やっぱり遠慮のかたまりで、何かわからないようなところの周囲を探るだけの話で、それを下から触ったり、上から触ったりしているにすぎない。そりゃあ、いつまでたったって、未来永劫、本物の会議にはならないでしょう。

本来、会議とは、物事を論理的にスピーディに解決し、決めていく場なのである。そのためには、言いたいことが言える場であるのが前提で、短時間に議論を集中させ、解決の糸口をつかみ、全員で問題を共有化して、具体的な実践段階に落とし込む。そこまで議論されないと、本質的な解決は伴わず、実行もなされない。会議とは、そういう役割を持つ〝場〟であると吉越は主張する。遠慮があったり、ましてや根回しで物事が決まるような簡単なものであってはならないのである。

第一章の会議ライブで、ＭＳ会議の進行方法や運営スタイルをありのままに紹介した。ＭＳ会議は最初から、そのように完成された形で進められていたわけではない。長い間に積み上げられ、改善されてこの形に至っている。

トリンプでは経営トップがどのように会議を認識し、企業経営に位置づけ、具体的に実践しているのか。本章では、さらに深く掘り下げてみたい。

2　会議で会社を元気にする

会議の体質は企業体質そのもの

いま、会議への批判が高まっている。

議論だけが勝手に横行して何も決まらない会議。議長やごく少数の上位者が権限を握って誰も発言しない会議。あらかじめ根回しがされていて、その場で言いたい意見も満足に言えない会議。上位者の発言に「右へ倣え」して、下位の人間に発言のチャンスもない会議――。

これらの会議は、会議のための会議であって、時間を浪費するだけでビジネスの生産性は極めて乏しい。そこで会議の時間を減らそうと各社とも苦心する。

会議室から椅子を取り払って、立ったまま会議を行う会社もあるという。そのような会社で行われてきたのは、いわば生産性の乏しい無為な時間を参加者に強いる会議である。

往々にして、会議は企業の体質を如実に反映する。何も決めない会議を行う企業は、意思決定を先延ばしにして、新しい事柄に積極的にチャレンジしない。議論ばかりが百出して、物事の実行を伴わない会議の多い企業は、経営スピードが遅く実行力が伴わない。上位者の意見に「右へ倣え」する会社は官僚的、形式主義的な風土を持ち始める。会議こそ、企業集団の体質が現れる場なのである。

言い換えれば、「会議を変えれば、会社は変わる」のである。

早朝会議で革命を起こせ！

ＭＳ会議は、まったく私自身のやり方で始めた会議です。ただし、デッドラインを引くやり方に関しては、以前、勤めたドイツ系の会社で習いました。そんなに難しい話じゃありません。もともと八三年から香港極東支社で始めて、毎朝、行っていたリージョナル（地域）のマーケティング会議で培った方法を八六年に日本本社に持ち込んだのです。

吉越がトリンプ・インターナショナル・ジャパンのマーケティング本部長に就任したのが八六年、その頃、売上規模一〇〇億円の日本法人は何年間も慢性化した赤字続き。社長いわく〝どうしようもない会社〟だった。

赤字経営であるにも関わらず、当時の経営陣には、官僚主義、ことなかれ主義、セクショナリズムがはびこっていた。責任の所在が不明確で、問題に対して組織的にきちんと手を打って局面を打開しようとする様子もない。

社員にも、無責任・無気力な風潮が蔓延していた。モラルや規律も著しく低下していた。会社は病んでいたのである。

低次元の問題で社内がいがみ合うのは日常茶飯事でした。しかも、いまでは信じられない話ですが、社内のトイレに卑猥な落書きが書かれていたりしていたのです。まったくなっていなかった。そのような社員が多くいたわけですから。

このままでは、ますます会社がおかしくなる！

そう考えた吉越は、まず自部門から改革に手をつける。その改革の手段が、〝会議〟を始めることだった。そのとき始めた部門内会議が、現在のＭＳ会議の原型となっている。

最初に気がついたことは何かっていうと、人の和が全然できてない。お互い話し合ってもいない。おまけに部門ごとの対立が非常に強かったことです。

出発点はそれです。日本の会社のおかしいところですね。日本人というのは一緒の方向にベクトルを合わせて働き始めたら、すごい仕事ができるのに、派閥や組織の対立や摩擦などで会社がおかしくなっている。しかし、会議で毎日集まり、同じ方向を目指して互いに話し合うとベクトルは必ず合ってきます。

会議は吉越にとって、日本的経営と組織風土の悪しき一面を改革するに欠かせない「場」であった。

会議こそ風土改革、ビジョン共有の〝場〟

米ゼネラル・エレクトリック（GE）の風土改革を成功に導く上で中心的な役割を果たした「ワークアウト」という会議がある。

ここでは、官僚的で儀礼的な会議の形式を改め、自由な雰囲気の中で、現場の様々な問題点を噴出させた。次々に問題解決に向けての実行策が打ち出され、GEの復活に大きな役割を果たした。改革の指揮者であったジャック・ウェルチ元会長は、この「ワークアウト」を実践するまで、長い期間にわたって上層部の意識改革を行っている。また、「ワークアウト」の効果は何度も何度も会議を継続させていくうちに現れたものが多い。改革は決して、一夜にしてならず、人の意識改革には時間がかかるわけである。

会議はトップの考え方やリーダーの理念、ビジョン、熱意が直接的に参加者に伝わる。意識改革を実践する上で効果は大きい。ジャック・ウェルチも「会議」をGE改革のための必要不可欠な手段として考えていたのである。

トリンプ日本法人の風土を変えたのも「会議」だ。吉越が会議の必要性を感じたのは、ビジョンの共有化とコミュニケーションの少なさからである。吉越は従業員が共通の目標を持ち、目的に向かって、組織が一体化する重要性を強く認識していたのだった。

社員の意識はすぐには変わらない

業績が悪いのにも関わらず、本音で問題を解決しない企業風土を刷新しようと、吉越個人の意思で始めた会議は、案の定、社内の反発を生む。

最初はほかの部門、例えば営業の連中から〝密室会議〟と呼ばれまして、白い目で見られましたよ。

密室会議と揶揄《やゆ》された吉越は、次第に会議に他部門の人間も巻き込んでいく。だが、社内の抵抗をほぐすのは一朝一夕にはいかない。

何度も何度も協力を依頼する。先ず営業部門のトップに出席してもらったが、それだけでは会議の目的に合わないので、多くの参加者を得ようと、その下の管理職レベルまで引き入れた。飲みに誘って口説くのも常套手段だ。

このような会議をやると業績も上がるし、結果も出る。よい方向に会社も回り始めます。すると次第に人の和もできてきます。

会議を定着させ、社内的に広めていったのは、決して強権発動ではない。むしろ草の根的な説得の積み重ねと粘り強い会議の継続、その上で結果を出し続けることだった。吉越のタフな一面である。

自分が正しいからと信じて一気に改革を迫ったりはしない。組織をだんだんと融和し、人を引き入れ、意識改革を進めながら、徐々に風土を変えていく。何年もかけて、いつの間にか、人の意識を変革させ、気づいたときに、会社は吉越のペースで、一丸となっていた。

マーケティングと営業部門で続けられた会議は、やがて吉越が副社長になった八七年あたりから全社的な会議に発展していく。九二年、社長に就任してからは、会社の重要な意思決定のすべてがこの会議で行われるようになった。会議によって会社が変わったのである。

会議を始めて、定着するまでの期間がもっとも不安定な時期だった。継続させるのはなかなか難しい。強いリーダーシップと根気が必要である。トリンプでは、この定着までに三年を要している。

すぐには社内の意識は変わらない。自部門で毎日毎日繰り返して会議を続ける中で、組織の団結力を増し、実際に会議の効果が表れて、明らかに会議の重要性を社員が認識し、自ら主体的に会議に参加するようになって、ようやく会議は定着する。

コミュニーケーション＋「和」がカギ

マーケティング本部長として、日本法人に入ったわけなのですが、本来、営業とマーケティングとの関係は車の両輪でなくちゃいけないものが、まったくコミュニケーションが取れていなかったのです。それに部門内でのコミュニケーションさえ満足ではなくて、自らの部門内の会議という位置づけで始めたのですが、それに営業に入ってもら

トリンプ会議革命の段階

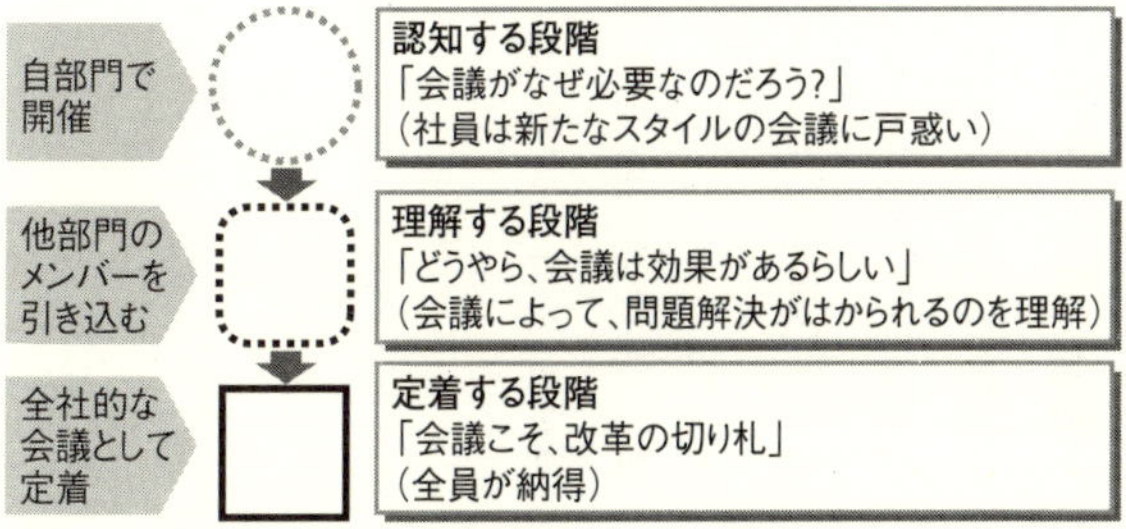
自部門で開催
認知する段階
「会議がなぜ必要なのだろう?」
（社員は新たなスタイルの会議に戸惑い）
他部門のメンバーを引き込む
理解する段階
「どうやら、会議は効果があるらしい」
（会議によって、問題解決がはかられるのを理解）
全社的な会議として定着
定着する段階
「会議こそ、改革の切り札」
（全員が納得）

って、ＭＳ会議という名前になったのです。

ＭＳ会議の名前の由来は、マーケティング（Marketing）部門と営業（Sales）部門のコミュニケーションを密にしたいという考えで始まったものだった。

コミュニケーションがもたらす利点のひとつは組織の人間関係、「和」を形成することである。「人間、顔をつき合わしていないと疑心暗鬼になる」と吉越は言う。

経営で大切なのは「和」であって、その「和」を作るのはコミュニケーション。それをはかる有効な手段が毎日の会議だと主張する吉越。外資系企業のトップとは思えないほど「和」の重要性を述べる。

ドイツ系の会社というのはそんなにキッタ、ハッタじゃないのです。非常にウエットな部分があります。やはり、人間これでクビになるかどうかわからないというレベルで仕事をするのは、フラストレーションもたまりますし、決して全体として良い方向には転がっていかないと思うんです。なあなあではなくて、お互い腹を割って話せる仲間がたくさんいて、それでひとつの方向に向かって、業績が良い会社になれば、絶対にいいと思います。その方向を狙っていくべきですよね。

「和」は、言いたいことを言い合うオープンな関係によって生じるというのが吉越の持論だ。

日本的な「和」は、相手に遠慮したり、上下関係を必要以上に意識する側面がある。互いの領分を侵さない、波風の立たない状態を「和」という表現に込めることも多い。

ところが吉越のいう「和」は、あくまでもコミュニケーションによって、互いの考えが一致するという「和」である。しかも、相手の人間性や心情、立場を尊重する礼儀もわきまえた「和」であって、それがドイツ流の進取の気象を生む。本質的に「和」のとらえ方が、日本的な意味合いと少し異なる。ここにトリンプ経営の特徴が表れている。

吉越が会議を重視するのも、「和」を生むのに格好の場だからだ。それによって、組織が一体化しないと、目標を達成しようとする強い意識がなかなか生まれない。MS会議で、吉越がユーモアを交えて笑いを誘ったり、ゴルフ談義で場を和ませるのも、緊張感を和らげてリラックスするだけでなく、会議の参加者に一体感を持たせる狙いが大きいのである。

共通認識ができれば話も早い

コミュニケーションはもうひとつ経営にとって重要な利点をもたらす。それはコミュニケーションによる情報から、「共通認識」が広がることだ。

コミュニケーションというのは報告・連絡・相談によって、同じ情報を持てば同じ判断ができると言い換えることもできるのです。よく言うのは、例えば、「これが赤だ」と判断できるのはなぜかということです。それは同じ情報を持っているから「赤」だと言えるわけです。そんな判断を求められることが毎回あって、「これは緑」「ちょっと赤っぽいな」とか、「茶色だろう」とかバラバラに言う人が集まっていては、会社の経営はできないわけです。「これは赤」って言ったら、もうみんなが赤ってわからなくちゃいけない。それが同じ情報を持つという意味です。

コミュニケーションを促進させると、物事が同一に判断できるレベルまで組織力が高まる。誰もが同じ情報を持ち、それが同じものだと認識できる。簡単なようで、これがなかなかできない。コミュニケーションのもたらす重要な成果だ。

誰もが同じ判断ができると行動も速い。トリンプの会議がテンポよく次々に意思決定されながら進むのも、そのレベルにまで構成員の認識力、判断力が高まっているからである。

3 朝から会議をする会社は強い

元気な会社ほど朝を活かす

朝から会議をする会社が強い。キヤノンでは毎朝八時から約一時間「朝会」と称する会議を開く。創業者である御手洗毅氏の時代から、約五〇年も続いている。参加は強制ではないが、東京にいる役員は全員、毎朝、顔をつき合わす。

世界各国からの情報をいち早く収集し、すばやく議論を交わし、物事を決め、行動する。毎朝継続するフランクな雰囲気のこの会議は、キヤノンの「スピード経営」の源と言えるだろう。役員の共通認識が毎朝の会議で培われるコミュニケーションによってできているので、すぐに行動に移れるのである。

ヤマト運輸のほとんどの現場では、午前七時半に朝礼とミーティングを行う。八時には、情報収集を終えた約四万五〇〇〇人のセールスドライバーが全国で一斉に活動を始める。

会議の目的や企業のタイプはそれぞれ違っても、朝の会議は組織に大きな活力と行動力を与えているようだ。朝、会議を行う効用について考えてみたい。

トリンプのＭＳ会議では、朝、頭のすっきりとさえた時間に四〇テーマの議題がトップダウン方式で次々に決定される。午前一〇時には、参加した約五〇人の役員や社員が、会議で決定した事項、課題を職場に持ち帰り、指定されたデッドラインまでに物事を解決すべく、スケジュールを立てて即行動を開始する。

朝は多くの人間が集まる

多くの人数は、朝一番が集まりやすい。それは間違いないですね。やはりみんなを集めて会議をすると朝早くということになります。

一日のうち、朝は誰もが集まりやすい時間帯である。役員も営業部門も開発担当者も、出席者にとっては、外部の取引先や社内関係者に気兼ねせずに会議に参加できる。始業時間以前の会議はなおさらである。朝の会議は多人数が集まっても業務への支障もなく、たとえ毎日であっても開催は可能。吉越にとって朝と会議は切り離せない。

朝は集中できる

うちの会社はがんばるタイムといって毎日、午後〇時三〇分から二時三〇分までは各自が仕事に集中できるようにしているんですけど、例えば朝、会社へ行ってシーンとしている間に仕事をすると、ものすごく効率が上がりますよね。それは静かなせいもあるのですが、やはり頭がすっきりしているのが非常に大きい。

ドイツ本社もそうですが、外資系の会社では、トップも朝早く始めて、社員も早朝系です。残業してダラダラなんていうのは、なんの役にも立たないという考えです。残業を三時間するなら、朝一時間早く来てやるほうが、よっぽどレベルが高いですね。

疲労のない頭で、議論を交わすには、朝の時間帯は適している。朝の会議で居眠りをする人はまずいないであろう。朝は不要な情報もインプットされていない。いわば白紙の状態。全員が集中して議題に取り組めるのがこの朝の時間帯である。

朝は即、行動を開始できる

トリンプでは、毎朝、MS会議で意思決定がなされると、即、当日の午前中から行動を開始できる。しかも全体会議で決定した事項なので、全部門が理解を示して、部門連携もスムーズにいく。

一日の始まりの朝に意思決定をすれば、その日のうちに手が打てるわけだ。しかも毎日開催しているので、行動に移すタイミングが遅れることはない。例えば、朝刊に出ていた関係記事を、通勤途中に読み、すぐ判断して、そのまま朝の全社的な会議でテーマアップ。すぐ組織的な意思決定を下せば、その日の午後には対応がとれる。

このようなスピーディな行動がとれるのも朝の会議の大きなメリットだ。

やっぱりものごとは、スピードですから、タイミングを失っちゃいけないですね。それがまず非常に大きいです。

トリンプの会議の場合は、「誰が、いつまでに、何を、どうするか」を決める会議である。朝一番に方針と大まかなスケジュールが決まるので、「会議で考え、業務で即行動する」というメリハリが利く。考えては行動し、行動しては考えるという行きつ戻りつのダラダラとした日常業務の繰り返しは、仕事の生産性を著しく低下させる。朝の会議は、行動を促す大きな役割を果たすのである。

朝はコミュニケーションを促進させる

朝の会議をやっていると、親しくなるのです。普通の会社っていうのは、何日もお互い会わないですよね。でも、うちは基本的にMS会議で毎日会ってるわけです。しかも一時間から一時間半お互いずけずけと本音で話し合える関係ができているわけです。他の会社じゃ言い合えないようなことを、平気で言える関係ができている。親しさが必然と出てくるんですよね。夫婦だって話していないと家庭内離婚になりますでしょ。

「朝の会議は、人間関係を良くする」と吉越は言う。朝、全員が顔を合わすのは単純な行為ではあるが、コミュニケーションに大きな効果があるのだ。トリンプでは、トップが出社したばかりの社員の健康状態も顔色を見て判断する。仕事上の悩みを抱えている社員も一目瞭然にわかるという。また、社員も同じく、トップの健康状態やら、テーマへの思い入れを推し測る。

これが、会議ではなく、朝の時間をメール交換に終始させたらどうだろう。メールは相手の顔が見えない。余計なことを言い過ぎて人間関係をかえって損なう一面を持っている。朝、メールのやりとりに時間を使うよりは、顔をつき合わせ、挨拶をして談笑するほうが、ＩＴ時代のコミュニケーションスタイルとしてもふさわしい。

前述のキヤノンの例から言えば、毎朝開催する「朝会」の意義は、役員相互のコミュニケーションにある。毎朝、顔をつき合わせて、話し合うことで、役員が一体になれる。問題意識も共有化でき、気心も知れ合っているので、いざというときの緊急対応も素早く対処できる。

大阪府茨木市に本社のある大手電子部材メーカーの日東電工は、四半期に一回程度、「特別経営研修会」という一泊二日の合宿会議を開いている。中期計画や大きな組織変更など重要な案件があるときには夜を徹して議論し、翌朝の会議でいざ、物事が決まると一挙に行動を開始する。

日東電工の場合は「朝」ではなくて、「泊りがけ」ではあるが、重要案件に対する共通認識を役員全員で高める。侃々諤々の議論を叩き合わせるなかで、テーマに関する参加者の考え方は当初とは比較にならないほど一致する。コミュニケーションの機会を増やして問題意識の共有化をはかるという点では、同様の効果をもたらしている。

「スピード経営」にはコミュニケーションの良さが欠かせない。それには、毎朝、顔を合わせて、共通の時間を過ごして談笑する。様々なテーマについて合宿までして素直に議論をする。そんな関係と姿勢を保ち続けるのが大切なのだ。

4 会議はテーマ選びが成否を分ける

トップが選ぶランダムなテーマ、多彩な項目

トリンプの会議は第一章のとおり、六〇～九〇分で四〇テーマが次々に処理されていく。

会議のテーマは関連性がなく、目まぐるしく変わる。直営店の出店の話があれば、新規電話会社への加入のテーマ、新製品開発からダンボール箱の値段の問題まで多岐にわたる。テーマも吉越の読む新聞や雑誌から拾われたり、地方への出張中に気づいた事柄であったり、業界他社のトップとの会話からヒントを得たりと様々である。

このテーマアップはどのように決められ、選ばれるのか。吉越に聞いてみた。

いくつか側面がありますが、まず私が持っているケイパビリティ（権限）は能力×時間ですから、その範囲で何をどう使うかは私の勝手。つまりその範囲で私に何ができるかという基準があります。

例えばバケツがあったとして、下のほうで水がチョロチョロ出て、上のほうでもパッパと出ているとしましょう。どちらを先に手を打って、最終的に水が出ないようにするかということですよね。いまのところはチョロチョロから先に直したほうがいいだろうと思ったら、下のほうを先にやるかもしれません。実際、どうのこうのじゃないのです。感覚で「この野郎」と思ったテーマを出すわけです。あくまでもそれは僕が持っているケイパビリティの枠の中でやるのだから、文句言われる筋合いはないという考えです。

日本法人に来た最初の何年間かはよく言われました。「そんなことは社長がやる仕事じゃないですよ」と。「うるさい！」って言うんです。ですから廊下でもゴミを拾って歩きます。「うるさい」って言われてもゴミは気になるわけです。気になったらゴミを拾う以外ない。いちいち誰かに電話して、そのゴミを取りに行けって言うよりも、自分で取っちゃったほうが早い。よくゴミを拾っている社長がいるって聞きますが、気持ち的にとてもよくわかります。要するに細かいものもありますが、基本的にテーマを選ぶのは私の勝手なわけです。

会議のテーマは、吉越の優先度と重要度で決まる。その中で何から片づけるかは、トップの裁量次第というわけである。ＭＳ会議に持ち上げるテーマの基準にそれ以上の明確な規定はないのだ。つまり吉越流の基準で選ばれる。

テーマと任せ方

次のような話も聞いた。

テーマだけでなく、人も絡みますよね。できる人間には「あ、そう。がんばってね」って放っといて任せておけばいいわけです。わざわざ会議の時間を使う必要もない。それで済んじゃうのですから。任せちゃうほうが彼らにとっては喜びだし、もっとやる気が出ますよね。そうすると会議は半分の時間で済むかもしれない。でも、できない人間に任せた場合は、気になりますよね。それが、小さなテーマでも、きっちりフォローし続けないといけない場合もある。仕事っていうのは属人的な面が非常に多いわけです。

この話は一見、非合理なようで、実は大変合理的な話である。できる人間は仕事の結果も予想がつく。

任せても成功する確率は高い。わざわざ貴重な会議にそのテーマを上げて、時間をかける必要もない。半面、できない人間は失敗する確率が高い。

仕事のできる人間にはどんどん任せていくべきだと思います。若くてもいいからどんどん任せる。そうすると若い連中でも、とにかく仕事を任されたら嫌な人間はいないのですよ。どんどん任せてあげるというのは基本です。ですから権限は委譲するにこしたことはない。ただできない人間に関しては、常にチェックを入れていくべきではないでしょうか。

権限委譲の度合いは人による。テーマアップとそれを会議でどのようにフォローするかも、人を見て判断する必要がある。周囲に与える悪影響を考えると、小さなテーマだからと放っておくわけにはいかない。場合によっては、人の問題でより大きな問題に発展する可能性もある。

テーマ自体の重要度と会議で扱うテーマは違う。物事を注意深く観察するトップがいて、経営全体の視点から、仕事と人の関係も踏まえて、会議にふさわしいテーマの取捨選択がなされるのだ。

重要テーマと会議の関係

ただし、経営の重要テーマに関わる事項のテーマアップの頻度は高い。トリンプMS会議の重要テーマは何かを聞いてみた。

この業界の経営のカギを握るのは、良きにつけ悪しきにつけ、SKU（ストック・キーピング・ユニット：最小在庫管理単位）の多さです。要するにブラジャーひとつ作ってもA・B・C・D・Eカップぐらいあって、下は六五・七〇・七五・八〇サイズぐらいまであって、かけることの色が五種類ぐらいだと、五×四×五ですから一〇〇個ぐらいになるわけです。それら全部の在庫を持つとすれば、それをいかに減らし、うまく回転させて、利益に結びつけるかという問題がありますね。自ずから、在庫と欠品の問題、商品を店頭でどうきれいに並べていかに売り抜くのか、というテーマが非常に重要になるわけです。

必然的にトリンプのビジネスの成功要因である「SKUをいかに絞り込んで、商品を売り抜くか」をめぐるテーマが会議の中心になる。また、戦略的に重要な直営店の出店・閉店に絡む問題、情報システムや物流も重要なテーマとして頻繁にアップされる。

何をおいても緊急対策、再発防止

緊急対策と再発防止の二点は、会議でも口酸っぱく言って社員に徹底させる。もちろん、この二点を怠ると吉越の雷が落ちる。

問題が起きた。でもその問題がどうして起きたのかわからない。となれば、それは会社にとって決していい話じゃない。うちではとにかく問題が何なのかを明確にします。起こったことはしょうがないけれども、それに対しての緊急対策が大事です。

要するに、火が燃え始めたら、どうする？　水をかけろ！　誰が水をかける？　ということを決める。それから再発防止。誰が火をおこしたのかを分析しないと再発防止策につながらないので、必ず行う。しかし、「このバカ野郎！」と言う前に、まず緊急対策として火を消す。次に火をおこさない方策を決める。この二つを徹底してやるわけです。

ＭＳ会議は、緊急対策と再発防止策を徹底的に議論する場でもある。対策を決め、全員に速やかに徹底するには、この会議ほどふさわしい場はない。毎朝、開いているので、何かが起こってはじめて緊急に場を用意する会社と比べ、明らかに対応も速く、適切な処理と社内徹底が可能となる。

5　会議はデッドラインで変わる

トップダウンとリーダーシップ

ＭＳ会議は、トップダウンで物事が進む。部下に権限委譲して、一切口を出さないというスタイルではない。どんな些細な事柄でもトップが状況を判断して、大事だと思えば、上司を通り越して直接社員に問いただす。デッドラインを決めるのも吉越の権限である。

ただし、トップと社員の関係は、民主的である。会議では、社員も自由に言いたいことを直接言える風土がある。フラットな構造を持つトップダウン型の会議体なのである。

またユーモアや息抜きも交えながら、会議を盛り立て、気配りをしながら会議を運営する吉越は、権力を振りかざして、社員を沈黙させる独裁者タイプでも、社員とは距離を置いてカリスマ性で統治するタイプでもない。

組織体には、絶対強いリーダーが必要ですね。日本企業では、往々にして社内に派閥があって、普通はトップが改革しようとしてもできないのです。例えば、アメリカの大統領みたいな地位で超越した形で、役員の首をすげ替えられるならできるんですよ。

例えば、外資に身売りした会社に外国人経営者がやってきて、派閥や系列を切り、持合い株を売り、何十％ものコストダウンを徹底してやればできるわけです。しかし、それができない会社が日本には山ほどある。何もうちが優れているってわけではないですが、朝の会議をやって、誰もが親しくなって、派閥もなく一緒にやっていこうとするから、物事がうまくいっているのです。

強烈なリーダーシップを民主的に発揮するという意味で、吉越は大統領的な権限が必要だと言う。朝の会議で親しくなり、本音で話し合い、トップダウンで物事を決めていく。そのようなリーダーの存在があって、トリンプの会議は回っている。

トリンプ流デッドライン方式の威力

ＭＳ会議の重要な特徴として、徹底したデッドライン方式がある。吉越がなぜこの方式にこだわるのか聞いてみた。

デッドラインを引くのは、以前に勤めていたドイツ系のコーヒー関連企業で実際に行っていたやり方です。その会社では、すべての案件にデッドラインを引いて、デッドラインの期日の箱にテーマの回答を入れるやり方をとっていました。朝、来てそれを持ち出すと、その日のデッドラインの回答が全部出てくるシステムです。
うちの会社にデッドラインというやり方はなかったんです。それで香港でデッドライン方式を徹底的にやった。「誰が・何を・いつまでに」を明確にして、期日を追いかける方法がそこで定着したのです。日本でも同じです。MS会議はいわば、「誰が、何を、いつまでに」を決める会議。「誰が、何を、いつまでに」と決めると、自分の割り振りがどんどん増えていくわけでしょ。ですからよほどスピードが大切になるわけです。

MS会議では、必ず当日がデッドライン期日となるテーマが議題に上がる。テーマの担当者は、否応なく、その場で前回約束した結果を報告しなければならない。逃げ場はない。自動的にテーマは議題に上っていて、幹部全員が参加する会議の場で報告し、議論を戦わせないと次のステップに進めない。期日を守るスピードが要求される。

一度決めたら逃がさない

デッドラインは、厳しくなくちゃいけない。それでなきゃ、みんな逃げちゃうんです。でも逃げるのを許したら、後が成り立たない。本当は、玉突きでデッドラインが全部決まっていかなくちゃいけないわけで、ひとつ目がひっくり返っちゃうと後ろが全部ひっくりかえるわけですから。そりゃ厳しく追いかけます。

専務取締役の木田は「吉越はしつこいし、諦めない」と評す。

「結果的にできたということが証明されない限り、OKはしない。そういう我々も習慣がついて、それが部長、部長が課長にとトレインのように伝わるのです」と木田は語る。

吉越はデッドラインには、ことのほか厳しい姿勢をとる。言い訳や弁解は許さない。それを許すと、経営自体がおかしくなるからだ。また、誰かひとりでも甘えることを認めない。会社の重要事項はすべて密接に結びついている。逃げる者は容赦なく執拗に責め立てねばならない。

昔は「取引額ナンバーワンの大手百貨店のバイヤーがこう言ってる、ああ言ってる」と担当者が言えば、「仕方ないか」と諦めてトップもそれ以上は突っ込まなかった。しかし、吉越は、たとえ重要な取引店がからんだ問題でも最後まで絶対に白黒をつける。曖昧にしない。

デッドラインを課して、具体的に物事を落とし込まないと、流されてしまうわけです。問題は何で、こうすれば解決するという話は一般的によくされるが、それで終わってしまう。さらに細分化して、この部分に関してはこうする、ここに関しては何をする、と全部デッドラインをおいて、明確に切り分けて、「誰が、何を、いつまでに」と決めないと、結局その問題点は放っぽらかしになります。

中途採用でも容赦なし

人間の持つ甘えや弱みを排除したり、個人だけでは無理な場合に組織的な力で問題解決をはかって物事を前に進めるには、デッドライン方式は欠かせないマネジメントルールなのだ。

中途で入ってきた人はほとんど辞めていくんです。デッドラインとスピードについていけないんです。まことに申し訳ないけど。

吉越は、転職者であろうが容赦はしない。役職を持ち責任ある立場に転職してきたのであれば、経営の基本であるデッドライン方式とスピードに対応してもらわねばならない。トリンプには、大企業からの転職者が多いが、往々にして大企業では責任の所在が曖昧で、逃げ場もあれば、経営のスピードもゆったりとしている。大概の転職者は、この方式に面食らう。

毎日の会議なので、複数のテーマが個人に課せられる。それを次々に片づけていかねばならない。時間的余裕はない。仕事のスピードと経営の重要課題を解決する能力が要求される。転職者の真価が問われるわけである。

デッドラインは一週間以内

最大限が一週間。例えば会社をつぶす、このような大きなテーマが一週間。ただ一週間後にまとめられないものは、いつまでに何をするというスケジュールを出しなさいと言っています。大きい問題はいくつにもデッドラインが分かれてきますから、それを一週間という期間に出していく。そうじゃないものは一週間以内に全部けりをつけなさいと言っています。

期日を守らない場合はペナルティも科せられる。ただし、このデッドラインも会議で社員と交渉する場合もある。テーマの重要性とボリュームと相手の負荷も考慮するが、吉越がトップダウンで期日を決める。ただし、期日は何があっても一週間以上を超えることはない。

6　会議は継続してこそ意味がある

継続の秘訣

吉越がＭＳ会議を一六年も続けてきた秘訣はどこにあるのか。しかも毎朝の開催である。いまも吉越がいないときは、専務取締役の木田が議長を務める。途切れることはない。

会議の手法は非常に簡単な方法です。でも悔しかったらやってみろっていう気持ちはあります。なかなかできないものです。継続するのは難しいのです。物事をやり始めると摩擦が起きるのは当たり前。何やかやと抵抗も起こる。全社集めて「じゃあやるぞ」と社長が言っても、やり始められるかというと、なかなか始められないものです。

吉越は自信満々に語る。

トリンプの会議の成功をまねて、同様に実践した会社がある。しかし、三カ月程度で断ち切れになった会社がほとんどだ。なぜ、トリンプにできて、他社にできないのか、ここに大きなポイントがある。

当たり前のことですが、やり遂げるまでやるわけです。物事は継続してどんどん良くしていけばいいのですが、みんな途中で諦めちゃう。「ダメだ、ダメだ」と言って、結局ダメにして終わらせてしまう。だからこの会議も続けられるかというと、続けられない。物事を始めるというのは、何かを動かすわけですから利害関係やら負担も出て摩擦も生じる。でも、それで諦めてはいけないのです。とにかく継続させ、改善させてやっていくしかありません。

結局、今日はちょっと、明日はちょっと忙しいからと言い訳が出て、なくなっていく。ですからうちの会議は「私がいなくともやれっ！」と、言っているわけです。とにかく続けることが非常に重要です。

吉越の言うように、「継続すると言うは易し」だが、普通の会社ではなかなかできない。マンネリ化して形骸化したり、何か理由をつけてメンバーが欠席したりするうちに開催頻度も乏しくなって、自然消滅というパターンを辿る。トリンプにはそうならない仕掛けや原動力が何かあるはずだ。

改善こそ継続の母

同じことを単純に続けてもダメなのです。うちは何かをやった後に、必ず反省会をやる。反省会で良いこと、悪いことを出して、それで変えていくのです。同じことをただ昔からやってきたからと、単純に続けていてはダメなんですね。もっと積極的に継続していかないとならない。ですから必ず反省会を行って、改善をして進めていく。

例えば、キャンペーンガールを始めたときだって、どうなるかわからないわけですよ、キャンペーンガールが役に立つのかどうか、何か悪いことをして会社のイメージを傷つけないかとかいろいろ心配しちゃったりしますよね。でも一〇年以上やっていると、キャンペーンガールがいないと様にならないし、キャンペーンガールで吉岡美穂みたいに有名になる人が出てくると、うちが元祖、名門、登竜門というふうになる。続けるということで、形ができて、名実ともに確立したものになるという好例ですよね。

吉越はトリンプキャンペーンガールを例に、継続させるポイントは、継続させて改善を積み重ねる中で次々に物事が良くなっていく、無理だと思っていたことが可能になっていく、階段を上っていくようなステップアップだと言う。

継続しつつ改善する。改善によって、成果が出て、さらに継続しようという意欲もわく。形式的になったときに会議は形骸化する。「改善こそ継続の母」なのである。

継続はトップの責任

継続するには、会議の内容に加えて、会議のリーダー、とりわけMS会議では吉越の役割が大きく左右する。

継続はトップの責任だと思います。トップが続けるかどうかだけの話です。トップがやると言えばみんなやるわけですから。定着するまでに三年はかかりましたが、いざ定着して、あの時はこうだったよなって思い出話もできるぐらいになれば、もうしめたものだと思いますね。
厳しいことは随分言っていますが、それでもお互いやっぱり結果が出てくるというのが、非常に大きなカギになります。結果が出るまでは厳しいですが、結果が出れば、やはりこの方法が正しい、良い方向に行っているんだと確認できます。それでさらに良いほうに流れたと思いますね。

結果が出るまでは厳しいが、結果が出ればみんなで喜びを分かち合う。これが吉越の言う「思い出話が出ればしめたもの」という意味だ。それでさらに続けようという意欲がわくのである。

7　会議を教育の場にしてしまう

会議で作る！　次代のリーダー

吉越の個性や個人的能力に依存したリーダーシップであればあるほど、吉越がいなくなった場合に組織は弱体化する。この問題について吉越は次のように語った。

人は勝手に育つもので、そんなに心配はしていません。そのために、会議でオープンにやっているのです。我々の年代を過ぎるとあとは年代のギャップもあって、若い人でいい年代になってきた連中が、どんどん上に上がってしかるべきです。我々が引退すればその若い人たちの時代になるのです。だから基本的には年齢は関係なく、優秀な者が仕事のできる環境を作れるかが重要になります。そこから次の時代のリーダーが生まれてくればと思っています。

会議は次代のリーダーを養成する場。吉越は若い人が会議から自発的に経営を学び、いま以上のリーダーシップ能力を持つ人間が現れてくれるのを待ち望んでいる。

技は盗むもの

社員教育に吉越は独特の考え方を持っている。

社員は教育すれば何とかなると言いますが、教育なんて本当はできっこないんです。その点で職人気質のような日本の伝統的な考え方は正しいですよ。日本で料亭に奉公人として入ったとします。教育されるかというと、されないですよね。「技術は盗むものだ」と教えます。そのほうが正解なんです。

なぜかというと、盗む気持ちを持った人間にしか、仕事はできないからです。だから、包丁の切り方を「ああしろこうしろ」と言っても無駄なんです。技は盗むもの。その気持ちを持って盗んでいくしかないのです。要するに、教育はできない。自分で習うもの、自分で自発的に動くもの。自ら継続して進化させてやっていけるかどうか。その人がその気持ちを持った人じゃなきゃダメです。

例えば、座っていても、この電気のつけ方は正しいのかどうか、そんなことも暇があればずっと考えているような人。気が利くとか気配りがあるとか、そういった人間はさらに先に行くことができる人間なのです。技術的なこと、「てにをは」は全部教えられます。その後は自分で育っていくものです。

だからトップダウンでも、軍隊でも、育つ人間は育つ。そんな人なら任せられるし、さらに仕事の守備範囲が広くなって、もっと仕事ができるようになる。ただそういった芽をつぶすことがあっちゃいけないので、それだけは気をつけないといけないと思います。

吉越は教育とはそもそもできないもの、自分で習い盗んで自分のものにするものだ、と言う。それだけ吉越自身思い入れのある信条なのだ。吉越が、「会議はもっとも教育の場にふさわしい」と考えるとおり、トリンプの若手社員の中には、優秀な社員が多い。激しい質問にも動じず、ひるまず意見をはっきりと述べる若者の姿が何人も見受けられる。毎日の会議が、人材を育てる格好のオープンな場になっているのは間違いない。

会議で能力の差は歴然

吉越は会議というスタイルでこそ社員の能力を把握できるとも言う。

朝の会議をやっていますと、あの人はデキる、この人はダメだというのが如実に見える。横から見ても上から見ても、誰もがわかる。それは非常にいいことだと思います。あとは組織がその有能な人にきちんと対応がとれるかどうかが重要で、特に若い人に関しては、もっと活躍できる新しい場を与えていかなければなりません。活躍できる人はどんどん働く場が多くなるし、給料とは比例しないまでも、仕事はどんどんできるようになります。これがいいことだと思うんです。

逆にダメな人をどう落とすのかも、これからは必要です。外資だって言われちゃえばそうかもしれませんけれども、日本の会社も絶対やらなくちゃいけないことでしょう。

職場の人事評価はあてにしない。会議の場での発言や責任感で個人の能力は全員の知るところになる。吉越はそればかりでなく、可能性のある人の能力をより伸ばし、鍛えるに値しない人は退く仕組みが日本企業に必要だと声を大きくする。

プロセスから参加することに意味がある

会議の議事録だけ回覧しても教育にはならない。そこには結果しか載っていない。それよりも、物事が決まっていくプロセスを全員に見せる。その場をそこまでオープンにしないと、盗もうと思っている人間には「技」は盗めない。会議に多くの人間が出て、しかも若手も自由参加にしているのは、そこに意味がある。プロセスを見せることの重要性を吉越は次のように語る。

項目が整理し切れてなくとも、生のままで会議を見てもらうほうが重要だと思いますね。生の素材は、何度も揉まなきゃいけませんが、ある程度仕上げてから持ってきたんじゃ面白くない。ですから、生のままで持ち出してきて、それをたたいていくプロセスを一緒に習ってもらう。

一緒にやっていくことのほうが私は重要じゃないかと思いますね。決定事項だけであれば、決定してこうしましたからと、みんなにEメールで流せば終わり。でもそうすると人間っていうのは反発するわけです。私だったら絶対反発しますね。そうじゃなくて、やはり会議に生のまま持ち出してきて、ここで叩いてる間にいろいろ意見が出てまとまっていく。そこに一緒にいて、物事が決まったときに一緒にGOをかけて、自分も走り出すのが重要だと思いますね。

トリンプでは、プレゼンテーションツールを使って、スクリーンに映像を投影し、担当者がその前で説明するといった光景はない。きれいに体裁よくまとまった完成品のごとき資料は不要なのだ。生データをOHPに載せて投影し、吉越が手書きのメモをそこに書き込む。

参加者はその生データが目の前で議論され、修正されていく過程を、まるで厨房で食材が刻まれ、調理され、一品料理に仕上がる流れのように見つめるわけである。

デッドライン当日には再び改良されたテーマが登場する。一部始終を把握しながら、トップの意思決定と仕事の進め方を学ぶ。毎日数十テーマが流れる過程で、若者が盗むものは山ほどあるというわけだ。

8　会議はITに勝る

情報のすばやい伝達と共有化

Eメールやグループウエアが定着してから、情報は二四時間収集できる時代になった。情報を会議や朝礼、回覧で入手していた時代には、朝の会議はいち早い情報伝達・収集の場として欠かせない役割を担っていた。しかし、現代、情報はいつでもリアルタイムで入手できる。情報伝達のためだけの会議はまったく不要になったと言えるだろう。

朝、会社に出勤すれば、まずEメールを確認し、返信する。電子掲示板を見て社内情報や通達をチェックする。それから仕事にかかる。それが平均的なビジネスマンの朝の仕事スタイルになっている。

しかし、電子掲示板の情報は一方通行だ。情報の受け手が理解しようとも、せずともお構いなし。Eメールは返信してもすぐには応答もない。送り手を直ちにつかまえるわけにはいかないし、相手の顔も見えない。

一方、フェイス・トゥ・フェイスの会議は、文書情報の情報量に比べて、圧倒的に情報量は多い。ある情報に対して、誰が何を考えているのかも直ちにわかる。

情報の共有化と情報の質と量の面で、ライブの会議にITはまずかなわない。今日、急速なIT化の進展の中で、旧来の会議スタイルは古臭いと敬遠されている。しかし、スピーディなリアルの会議はITによる情報伝達以上の効果を質的、量的の両面でもたらす。頭がさえる朝の貴重な時間を、電子掲示板を眺めるだけに終わらせるのはもったいない。

Eメールの功罪

トリンプでは一対一のEメールは原則禁止。Eメールは複数に送るときだけに使う。会えなければ電話で済ませるのが社内ルールになっている。

「メールは嫌みを書けるんですよ。ですからメールでやり合うと、それぞれの部門の間に溝ができる。ですから「面と向かって話しなさい。あるいは電話でもいいから。結論を出してそれを伝えなさい」

と言っています。さもないとややこしいことになっちゃうんです。

メールっていうのはコピー機能に優れている。だからあくまでもコピー機能を利用して、最大限に結論を出したものをみんなに配布するという機能を活用するのは正しいと思います。

ただ、一対一で、相手に対して、「なんでこんなのミスして」みたいなことを書いて、向こうに、こういったことが起きたとか、どう責任取ってくれるんだ……、っていうのを始めちゃうと、組織の間で間違いなく溝がどんどんできる。やっぱり相手に面と向かって、「こういった問題が起きました。ごめん」と謝るだけで、人間関係や仕事の進め方が違ってくると思うのです。そんなコミュニケーションがとれるベースは作っておかなくちゃいけない。やはりメールは利用しちゃいけないと思います。

Eメールが出てきた頃は企業内のコミュニケーションがより以上に効率よくスピードを持って行われるともてはやされた。社長に直にEメールを出すのを奨励した企業もあるほどだ。しかし、一対多は良くとも一対一のEメールは、トリンプではご法度になっている。

ＩＴの賢い使い方

トリンプはアパレル業界でもＩＴ活用の先進企業として知られている。吉越自身、社内のシステム開発も陣頭に立って指揮し、自他ともに認めるＩＴ通だ。その吉越にして「一対一のメールは害が多い。

メールのコミュニケーションは、人間関係を壊す」と言う。
一方、電子稟議《りんぎ》システムなども導入し、活用も進んでいる。

電子稟議は、見て質問がある場合には電話するし、おかしいものは即、却下しています。ここでもメールでやりとりはしません。うちは電子稟議も三日で爆発。つまり答えない人は自動承認になるのです。一度私が出張に行く三日前にギリギリに出されまして、爆発して以来、私だけ自動承認を外してもらっていますけどね（笑）。

トリンプではITの道具を使い分けしている。電子稟議システム以外でも、部門横断的な問題解決が必要な案件のやりとりは、必然的に社長の元に同報されるような仕組みをグループウエア上に組み込んでいる。電子稟議的なITの活用は多く使われている。

トリンプにおけるコミュニケーションツールの使いわけ

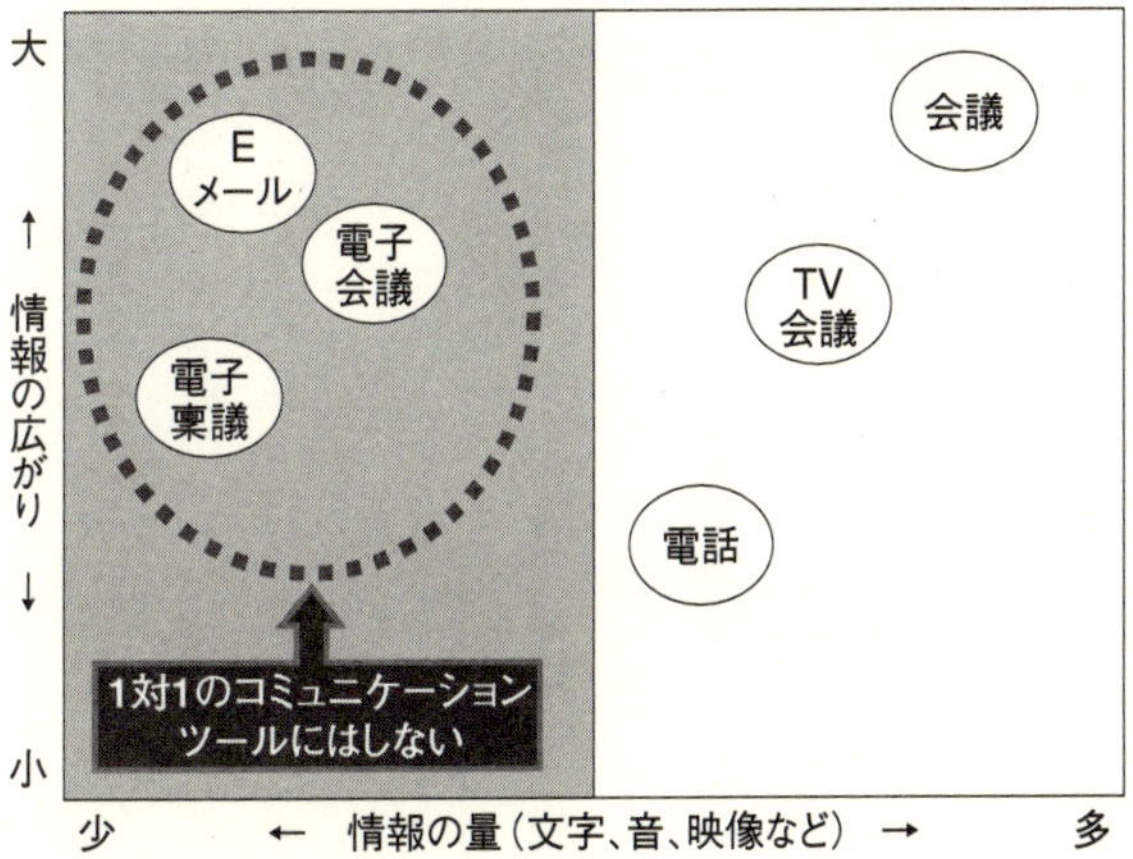

半面、WEBチャットで行う電子会議的なものは一切やらない。会議は結論だけを送り、その間のやりとりを記録に残すような方法はとらない。MS会議の議事録も結論だけを簡潔にまとめるだけである。もっとも活用されて役立っているのはテレビ会議システムだ。MS会議で大活躍のテレビ会議は、社内の様々な会議や、情報交換に四六時中活用されている。テレビ会議は顔と音声が入るので積極的にコミュニケーションにも活用される。

人間同士のコミュニケーションはフェイス・トゥ・フェイスもしくはリアルなテレビ会議で、Eメールなどの非対面のITツールで一対一のコミュニケーションはしないというのがルールだ。使用する場合は、結論や結果の報告のためだけ。

ITを一対一のコミュニケーションの道具に使わない。それが、トリンプのITの使用法なのである。非対面で一対一のコミュニケーションは「和」を損なう可能性もあるからだ。

9 会議を支えるオープン、フェアネス

トリンプの会議は、幹部社員だけでなく、若手も含めた大人数の会議だ。会議室では若手が後方の席で真剣に会議の進行を見つめ、議題の流れや意思決定の成り行きに耳を凝らす。議事録だけ回覧して、「情報はオープンにしている」という会社は多いが、トリンプは社員の多くが注目する中で、あらゆる

部門の重要事項を包み隠さず本音で議論し、物事が決まるプロセスも結果もオープンにしている。ガラス張りどころか、そのガラスさえも取っ払って一体化している。

情報は給料以外、全部オープンです。今日の会議で話題になった有給休暇の消化率にしても、出しちゃったほうがいいと思って出します。何か変にほかから聞こえてくるより、オープンに話して、それで「全体で何％狙っていこうよ」とするほうが絶対、正解だと思います。営業企画が五〇％というのはたいしたものだとか、目の前で聞けばみんな納得するじゃないですか。

オープンにやって、隠し事はしない。正々堂々とフェアに物事を決めていくのが吉越流のスタイルだ。

10　会議は「決める場」である

ブレーン・ストーミングのための会議はない

ブレーン・ストーミングという会議手法がある。各自が自由に意見を出し合い、発言者には否定的な意見を言わない。会議を白熱させながらその中から出た優れたアイデアを採用するやり方だ。

だが、トリンプのMS会議はアイデアを出し合ったり、新しい概念を寄せ集めて、創造的な発案をしようとするのを意図した会議ではない。

基本的にブレーン・ストーミング的なものは、うちの会社には存在しないんです。あるといえば、商品開発会議でＰＲ商品のアイデアが出てこないときに、仕方がないから集まってやろうかという程度です。それも非常に具体的です。来年度はどんな催事があるか、それをいつまでに調べるか、何をやるか、内容をどうするか、出てきたデザインパーツをどう選ぶか……、など具現化された形で物事が進んでいく。

それほどのブレーン・ストーミングじゃなくて、ただアイデアが出てきたときに、「ノー」と言うともうダメになるので、「ノーと言うのはやめよう」とは言っています。しかし、会議をしながら何か創造性を高めてどうのこうのっていうのは、難しいと思いますよ。結局まとまらない会議になっちゃうし、ですからうちの会議っていうのは全部すべて実質的に物事を決めていく会議だけです。

会議で新しい発想が生まれるかって？　じゃあ、いまここで来年度の新製品に関して何か考えましょうって言って、出てくると思います？　三人寄れば文殊の知恵というのがあるが、三人がアイデアを持ち寄ってきたものに基づいて、文殊の智恵を作るんだったらいいのですけど、何もないところで三人集まっても、そりゃ出てこない。

ブレーン・ストーミング的な会議よりも、個人が四六時中考えたアイデアを持ち寄って、その中からいいものを選ぶ。しかも、それを具体的に実現するため、「誰が、何を、いつまでに」を明確にする。それがトリンプ流のアイデア創出法だ。

テーマは揉まれて進化する

トリンプのデッドライン方式では、期日になると担当者は、回答を明確に示さなければならない。課題を与えられた担当者は、その期間中に調査し、分析し、アイデアを加えて報告書を提出する。しかし、中には未完成で提出せざるを得ないテーマもある。そうなればテーマは会議で再度叩かれる。担当者の説明に納得がいかなければ、会議の席で反対意見も出る。さらに、こうすればもっと良くなると改善的なアイデアもつけ加わる。

重要なテーマほど、何度も何度もMS会議で叩かれる。その繰り返しが行われる中で、少しずつ、ときには大幅にテーマは変容する。いつの間にかもっと優れた代替案が出てきて、最初の方向とは異なったものに変貌する例もある。担当者の手から離れて、もっと大きなテーマに進展するときもある。

これは、一種のブレーン・ストーミングと言えるのではなかろうか。ブレーン・ストーミングを意図した会議はトリンプにはないが、未完成のテーマを全員の知恵で叩くというシステムは、テーマに思わぬ命を吹き込む場合もある。しかも、具体的で実現性の高い分析がすでにベースにあるテーマが会議で叩かれると即、実用的なアイデアとして実施できる。

もちろんパーツがいくつか出てきて、こっちの方向が面白いんじゃないの、じゃあこれとこれを残して、これはこういった方向でさらに進めてください。それを一週間後でいいですね？　って話で決まっていくわけです。

デッドラインは、アイデアの実現性を増し、さらに高めていくためのマイルストーンでもあるわけだ。

朝令朝改も辞さず

トリンプでは、決めたことは、すぐに実行する。とにかくやってみて、考えて何も行動しないより、そのときの判断で行動したほうが、物事は前進するという理屈だ。また、いったん決めたことも思い直して、間違ったと気づけば、直ちに前言を翻しても構わない。場合によっては、朝礼暮改どころか朝礼朝改もあり得る。一般的な企業のように、中長期計画を立てて、目標を決めると半年も一年も同じ方向で動くような経営スタイルではない。トップが直接現場に出向き、情報を収集し、方向が違うと判断すれば、すぐに舵を切る。

ちょうどサッカーの試合で戦況がコロコロ変わる中で、判断を下していくセンタープレーヤーのようなものだ。毎日、朝の会議を通じて刻々と会社は変わっている。それには、決めたことでも、変えざるを得ない場合も次々に生じる。

ただし、トップの意思決定がクルクル変わると会社は混乱する。部下は何を目標に仕事を続けていけばいいのかわからなくなるからだ。せっかくの指示に従って、せっかくやり遂げた仕事が徒労に終わっては、不満が残る。

だがトリンプでは、毎朝、社員が会議の進行を見ながら、物事が進むプロセスを理解しているので、トップの意思決定がなぜ変化するのかがよくわかる。理由も知らされず方針がコロコロ変わるのはたまらないが、変化のプロセスに対して同時進行なので、むしろ意思決定が変わるのは、自然なのだ。ちょうどサッカー選手が、ボールの動きに合わせて、フォーメーションを変えるのと同じような感覚で、経営に参加できる。だから、トリンプの経営は瞬間、瞬間で最適な組織を作れるのである。

11　会議は決してムダじゃない

ＭＳ会議を軸にした、トリンプの社内定例会議は次頁のようになっている。

会議の数は確かに多い。トップの関わる会議を受けて、大小の部門内会議が数多く行われている。それぞれの会議は、ＭＳ会議を頂点にして、有機的に結びついている。

よく、「おたくの会社は会議が多くないですか?」と言われるんですが、「いや、多いのは万々歳」って言っていますよ。ただ多くなるとデッドラインが追い切れないですね。ですから、もし丸々一日なんてやったら、一週間以内にデッドラインが全部終わらせられるかと言えば、終わらない。それまで仕事がどんどん増える。うちの会議は仕事ができてしまう会議ですから、仕事が増えるわけです。だから普通の会社とは会議のやり方自体が違うのです。

普通の会社は会議をやると時間がムダだと思われます。うちはムダじゃない。むしろ問題をきれいに切って、デッドラインまで全部引いて、誰がやると明確にするわけですから、問題がなくなってとってもありがたい話になるわけです。会議を

社内定例会議(社長が関わるもの)

月曜日	10:00〜12:00	MM会議
	12:30〜13:30	Eコマース会議
	14:00〜15:00	OEM会議
	15:00〜16:00	ダイレクトマーケティング会議
	16:00〜17:00	通販会議
	17:00〜18:00	HOM会議
火曜日	10:00〜12:00	構造改善会議
	13:00〜15:00	AMO会議
	15:00〜16:00	商品開発会議
水曜日	10:00〜12:00	IT会議
木曜日	10:00〜12:00	人事・総務会議
	15:00〜16:00	営業企画・　PR会議
金曜日	10:00〜12:00	TDC会議
	12:30〜13:30	AR会議

午前8:30〜9:30はMS会議

すれば仕事が進んでいく。他の会社は、会議が仕事を阻害すると嫌がられている。だから会議は立ったままやるなんてことになってしまうわけですよ。

トリンプの会議は仕事がどんどん決まり、進んでいくためにある。他の会社では、会議と仕事が結びついていない。つまり、会議は報告、連絡、調整のためで、いわば仕事の副次的なものでしかない。物事を決め、テーマを推進するための役割を担っていないと吉越は説明する。ましてや、本音で議論し、組織が一体化するためのコミュニケーションをはかる場でもない。だから会議が敬遠されるのである。

12　会議は経営そのものだ

トリンプ経営の信条

ＭＳ会議は、トリンプの経営を実践する「場」である。一六年前、会議を始めてから、今日まで連続増収増益、売上高はその間の不況期にもかかわらず一〇〇億円から四四二億円まで四倍の高成長を遂げた。

会社っていうのはそんなに難しい問題じゃないと思うんですよ。会社は絶対売り上げが上がるし、儲かるものだと思います。儲からないとしたらそれは、単に当たり前のことをやってないからきちんとした利益を上げられないだけ。

朝の会議のようにみんなのコミュニケーションをはかって、全員が同じ情報を持ち、同じ方向を目指せば、会社のスピードは必然として上がるし、それを他社よりも頻度を高く、他社よりも密にやっていけば競争に勝ち、シェアは取れるわけです。いくら飽和した業界であったにしてもそれは可能です。

コーポレート・ガバナンスであるとか、組織がフラットであるとか、コミュニケーションがいいとか、スピードを速くするということも、会議で培ったコミュニケーションがベースにあれば、必然と経営に反映されてくると思います。そういった形で具現化されるのではないかと思うのです。

吉越はインタビューの最後に、「トリンプに徹底したい私の考え方」という社内に配布した自身の経営信条を手渡してくれた。

自身の経営哲学や社員の行動規範など一六項目の考え方は、会議に関わるポイントとまったく同じである。吉越の言う「当たり前のこと」とは、この項目を意味するはずである。

ただし、一六年間も継続して実行するのは、当たり前の所業ではない。

単純にあきらめちゃいけない。江戸時代の米沢藩主、上杉鷹山の言葉で〝為せば成る　為さねば成らぬ何事も　成らぬは人の為さぬなりけり〟という歌がある。要するに日本は昔からそう言ってたんですよ。

江戸後期の藩政改革を成功に導いた上杉鷹山の名歌を例に吉越は語る。上杉鷹山と同じく、一貫した不屈の闘志が継続性の源なのであろう。

トリンプ社内に徹底したい私の考え方

1. 組織に壁、天井、床をつくるな。常にフレキシブルな体制であれ
—コミュニケーションが基本、同じ情報を持てば同じ決断、あとはゲーム感覚
—会社が壊れる時は社外からの競合ではなく、社内の理由による
—組織は小さく、フラットに
—本社員の数は最小に
—種は強いものが生き残るのではない。変化の対応が出来るもののみが生き残る
—社内の明るさが重要

2. 稚拙でもいい、早くしろ
—できないなら、徹夜してでもやれ、やり切れ
—PDCA—チェックをおこたるな。修正を加えていけばいい
—君子豹変す。　朝令暮改
—Speed & Agilityがキーワード

3. 単純で、論理的に
—物事は簡単にしろ。分解・分析してルーティン化を。誰でも出来る様にする
—ルール作りをしろ
—社内に徹底しろ
—論理的に考え、分析するくせをつけろ

4. TQC—PDCA
—チェックが出来る様な仕組みを初めから念頭において
—TQCに没頭する必要はない
—チェックがいかに重要かわかって欲しい
—チェックを必ず入れられるように
　—誰が、何を、いつ迄に。デッドラインでチェック入れる
　—まかせた上でチェックを。TRUST IS GOOD, CHECK IS BETTER

5. 緊急対策、再発防止策
—常に2つ手を打て
—起こった事は仕様がない。あきらめる。誰でも間違いはおこす
—緊急対策。リカバリー策
—そして再発防止。二度と同じ事を起こさせない

6. こんにちは
—依頼した以上やってもらう責任がある
—デッドラインをひけ、デッドラインがひけていない＝出来ていない
—デッドラインは一週間以内、それ以上はスケジュール化を
—やり切る事。最後までやり抜く事。自分が言った事、聞いた事でいい事等、やるべき事をやらなかったのは自分。自分が悪い。成功するまでやれば成功する

7. 手法、躾は教育できる
—逆にこれ以外は教育できない
—能力・やろうという意思は元来持っていなければダメ
—手法・しつけは徹底しろ
—手法も徹底しろ（TQC、ペガサス、etc.）

（2002年11月15日、吉越浩一郎社長による）

8. コミュニケーション
—報・連・相
—同じ情報を持て、持たせろ
—同じ情報を持てば、同じ価値観を持ち、同じ判断が持てる。持てないで議論するのは情報ベースが違うから
—徹底してどんどん話せ。徹底して会議を持て
—必要なら酒を飲め
—GNN, GNN, GNN……

9. 基本の徹底・変化への対応
—長期計画はいらない。必要あるのは、追加してやる新事業のみ
—ここに言う基本を徹底
—変化への対応を誰よりも早く。ただし行き過ぎるな。自分で踊るな

10. 部長にまかせた・部長の権限＋責任
—リーダーシップとは
—部下のレベルアップをはかれ
—手法・躾以外教育する事は不可能。勘違いしないで欲しい
—部長が責任を果たさないなら、私には部長を変更するしかない

11. “Let's everybody cool down”
—アポロ13号　Flight Directorの言葉
—常に全体を把握する。まずそこから
—必ずやれば出来る。成功するまでやれば成功する

12. 働け
—働け、働け、働け、しかも効率的に働け……
—残業はするな
—デッドラインを守れ
—休む時は徹底して休め。休暇は長くとれ

13. 現場
—現場に入って問題がわからない奴はいらない。現場感覚を養え
—現場で、現物を、現実に！その感覚を持て

14. 会議、打ち合わせ
—必ず誰が、何を、いつ迄にするかを明確に。これが決まらないと会議、打ち合わせではない。感想文はいらない
—議事録はその日の内に
—議事録の書き方
—配布先は全員明記

15. 継続は力
—全て物事は積み上げ
—成功するまでやれば、成功する
—為せば成る、為さねば成らぬ何事も、成らぬは人の為さぬなりけり（上杉鷹山）

16. 結論から言え
—言いにくくとも、結論から言え
—報告は短く、一頁で

エピローグ　そして会議は続く

吉越が紹介した印象的な話があった。

タクシーの運転手の話だった。

……あるとき、タクシーをつかまえようと、歩道に立って待っていたんです。そうしたらあるタクシーが反対側の車線にいて、向こうも私をとっつかまえたいわけですよ。どうやってとっつかまえたと思います？　私に目を合わせて「こちらですか?」って、合図するわけです。当たり前ですよね、反対側に立ってるから。

それで私「そうです」って相づちを打ったら、途端にウインカーを出すわけです。そうすると私のところへ来るってことがわかるわけです。その間に彼がぐるりと方向を変えて来るまで空車のタクシーが手前の車線を二台通り過ぎました。でも私は待たなくちゃいけない。結局、反対側を走っていたそのタクシーに乗るハメになっちゃった。

それで「運転手さん、成績いいんじゃないですか?」って聞いた。

すると「私、営業所ではいつも悪くても二番です」って言う。「なんでそういうふうにいい成績になるんですか?」と聞くと、「いやそれが教えられないんですよ」って言うわけです。「教えろって言われても教えられないんです。最近、景気が悪いからタクシーの運転手になるやつも随分いて、『教えてくれ』って来るんだけど、教えられない。何時から何時にどっちの方向に流すとお客がたくさん立ってる、あるいは終電が来たら終電の時間に合わせてそこに行くとお客がたくさんいる、しかも長距離が出る終電の電車の駅はここだって、そういったことは教えられる。でも、教えたからといって、相手の成績が上がるわけじゃないんです」と言う……

「できる人間は、育つもの。あとは活躍できる場を与えてやるだけ」が吉越の持論だ。タクシー運転手が見せる能力の差は、日頃から磨いて身についた職業上のセンスの差でもあるわけだ。技を盗むほどの気持ちがないと、センスは鍛えられない。

トリンプにおいては、個人の持つ学習能力を最大限に鍛える〝場〟こそ会議なのである。会議の流れに耳を凝らせば、答えは必ずその中に存在する。それを自分で見つけ出して、さらに際立つ回答に変える。それが向かいの車線に待つ客を乗せるセンスなのだ。

MS会議には、トリンプという会社のすべてが凝縮している。この会議から、多くを学び、自分を越える次の世代のリーダーが現れるのを信じて、吉越は今日も朝の会議を続ける。

あとがき

ＭＳ会議取材の最中はあまりのスピードについていけなかった。社員でさえしばらく会議から遠ざかると、ついていけないときもあるという。しかし、リズミカルでテンポのよい会議は、まるでオーケストラかジャズの演奏を聴いているように全員の意気が合っている。怒声が響き、緊張する時間がしばらく続いたかと思うと、その糸をほぐすようにジョークが飛び交い、笑いで会議室がいっぱいになる。見る見るうちに四〇テーマの議題が決裁されて、一時間半の朝の会議はあっという間に終了した。

参加者の誰もが充足感のある表情で、会議室を出て行くこのような会議は、初めて体験するものだった。議事進行はトップダウンだが、オープンでフラットな関係は維持される。トップが社員に問いただす質問も容赦はないが、社員も必死で応酬する。非常にすがすがしい印象を覚えた。

日本企業の多くが、会議の生産性を問題視する風潮の中で、それ以外に組織のコミュニケーションや情報の共有化をはかる場がどこにあるのかと疑う。吉越社長は「ＩＴのツールで、コミュニケーション力において、会議に勝るものはない」と言う。ＭＳ会議を体験すると、如実にそう思えてならない。

多くの日本企業に、「この会議の技を盗め！」と言いたい。

外資系のトリンプ、しかも海外体験の豊富な吉越社長が編み出した経営手法。欧米人の優れた論理性と日本人の持つ「和」を大切にする心がうまく掛け合わさって、さらに創造的に進化している。

本書が、その技を盗む格好の材料になればと、著者として願うばかりである。

なお、執筆に際して、日経ＢＰ社出版局編集第二部の黒沢正俊氏、三田真美氏には、取材同行と適切な助言をいただきました。厚く感謝申し上げます。

著者

著者紹介——大久保隆弘（おおくぼ・たかひろ）
1954年生まれ、兵庫県出身。早稲田大学教育学部卒業、慶應義塾大学大学院経営管理研究科修了。中外製薬株式会社経営企画室、日本板硝子ビジネスブレインズ株式会社等を経て、経営コンサルタントとして独立。民間企業、政府系独立行政法人等の経営戦略、組織変革、技術経営、人材開発などのコンサルティング業務に携わる。著書に『企業維新』(共著、ダイヤモンド社)、『最強の「ジャパンモデル」』(共著、ダイヤモンド社)、『経済学が面白いほどわかる本(マクロ経済編／マーケット論)』『経済学が面白いほどわかる本(マクロ経済編／経済政策論)』(いずれも中経出版)がある。

◆E-mail : takahirookubo@luck.ocn.ne.jp

早朝会議革命
元気企業トリンプの「即断即決」経営

2003年11月4日　第1版第1刷発行
2004年3月1日　第1版第5刷発行

著　者——大久保隆弘
発行者——国谷　和夫
発行所——日経BP社
発　売——日経BP出版センター
〒102-8622　東京都千代田区平河町2-7-6
電話　03・3221・4640（編集）
　　　03・3238・7200（営業）
homepage　http://store.nikkeibp.co.jp/

印刷・製本——株式会社シナノ

ISBN 4-8222-4351-6